中等职业教育中餐烹饪专业教材

烹饪专业职业素养与就业指导

朱长征◎主　编
段晓艳　李茂华◎副主编

中国轻工业出版社

图书在版编目（CIP）数据

烹饪专业职业素养与就业指导 / 朱长征主编. —北京：中国轻工业出版社，2024.8
中等职业学校中餐烹饪与营养膳食专业教材
ISBN 978-7-5184-0981-5

Ⅰ.①烹… Ⅱ.①朱… Ⅲ.①烹饪—中等专业学校—教材 Ⅳ.①TS972.1

中国版本图书馆CIP数据核字（2016）第129750号

策划编辑：史祖福　责任终审：劳国强　设计制作：锋尚设计
责任编辑：史祖福　责任校对：吴大朋　责任监印：张　可

出版发行：中国轻工业出版社（北京鲁谷东街5号，邮编：100040）
印　　刷：三河市万龙印装有限公司
经　　销：各地新华书店
版　　次：2024年8月第1版第6次印刷
开　　本：787×1092　1/16　印张：7.75
字　　数：178千字
书　　号：ISBN 978-7-5184-0981-5　定价：20.00元
邮购电话：010-85119873
发行电话：010-85119832　010-85119912
网　　址：http://www.chlip.com.cn
Email：club@chlip.com.cn

241548J3C106ZBQ

PREFACE 前言

当前，我国经济发展进入新常态，党中央提出了协调推进“四个全面”的战略布局。新的发展形势对职业教育发展提出了新的更高要求。为了更好地适应全国中等职业技术学校烹饪职业素养与就业指导的教学要求，中国轻工业出版社组织有关学校的职业教育研究人员、一线教师和行业专家，编写了中等职业技术学校烹饪专业《烹饪专业职业素养与就业指导》教材。

本教材的主要内容有：道德与职业道德、职业与职业素养、烹饪、烹饪职业与烹饪职业素养、烹饪专业的职业个性、烹饪专业就业与创业共5个模块。

本教材在编写工作中主要体现以下几个方面的思路。

第一，坚持以能力为本位，重视实践能力的培养，突出职业技术教育特色。根据烹饪专业毕业生所从事职业的实际需要，合理确定学生应具备的综合职业素养，对教材内容的深度、难度进行把握。同时，加强实践性教学内容，以满足企业对人才的需求。

第二，根据餐饮行业发展，尽可能多地在教材中充实新理念、新知识、新方法等方面的内容，力求使教材具有鲜明的时代特征。同时，在教材编写过程中，严格贯彻国家有关职业素养标准的要求。为人民服务是职业道德素养的核心，每一个从业者无论从事哪一种职业，都是社会主义现代化建设的重要组成部分，都是在为人民服务。同时，从业者要正确处理国家、集体与个人的关系，这也是评价一个从业者个人行为品质的基本标准。

第三，努力贯彻国家关于职业资格证书与学业证书并重、职业资格证书制度与国家就业制度相衔接的政策精神，力求使教材内容涵盖有关国家职业标准（中级）的知识和技能要求。

第四，在教材编写模式方面，采用模块式结构，尽可能使用图片、实物照片或案例把知识和内容生动地展示出来，力求给学生营造一个更加直观的认知环境。同时，针对相关知识点，设计了很多贴近工作和生活的导入或互动性训练等，意在拓展学生思维和知识面，引导学生自主学习，提高综合素质。

本书由河南省郑州市商业技师学院朱长征担任主编，由河南省郑州市商业技师学院段晓艳和开封技师学院李茂华担任副主编，参与本书编写的人员有河南省郑州市商业技师学院尹贺伟、尹涛、王凤琴、张东、房四辈、闪文房、亢庄庄。

本教材既可供中等职业技术学校烹饪专业使用，也可作为烹饪行业从业人员的培训教材。

由于编者水平有限，书中难免存在疏漏错误之处，恳请专家、同行及广大读者批评指正。

编者

2016年1月

CONTENTS 目录

模块 1

道德与职业道德

◎ 知识目标

1. 掌握道德的定义、功能和作用。
2. 熟悉职业道德的定义。
3. 掌握职业道德的特点和作用。

◎ 能力目标

通过对生活中正反两方面事例的分析，说明职业道德行为养成对个人成长和事业发展的重要作用，并使学生自觉地加强训练，培养良好的职业道德习惯。

模块导入

“道德”一词，在汉语中可追溯到先秦思想家老子所著的《道德经》一书。老子说：“道生之，德畜之，物形之，势成之。是以万物莫不尊道，而贵德。道之尊，德之贵，夫莫之命而常自然。”其中“道”指自然运行与人世共通的真理；而“德”是指人世的德性、品行、王道。在当时“道”与“德”是两个概念，并无“道德”一词。“道德”二字连用始于荀子《劝学》篇：“故学至乎礼而止矣，夫是之谓道德之极”。可见，“道”是人关于世界的看法，应属于世界观的范畴。

❶ 职业道德具有适用范围的有限性

每种职业都担负着一种特定的职业责任和职业义务。由于各种职业的职业责任和义务不同，从而形成了各自特定的职业道德的具体规范。

❷ 职业道德具有发展的历史继承性

由于职业具有不断发展和世代延续的特征，不仅其技术世代延续，其管理员工的方法、与服务对象打交道的方法，也有一定历史继承性。如“有教无类”“学而不厌，诲人不倦”，从古至今始终是教师的职业道德。

❸ 职业道德表达形式多种多样

由于各种职业道德的要求都较为具体、细致，因此其表达形式多种多样。

❹ 职业道德兼有强烈的纪律性

纪律也是一种行为规范，但它是介于法律和道德之间的一种特殊的规范。它既要求人们能自觉遵守，又带有一定的强制性。就前者而言，它具有道德色彩；就后者而言，又带有一定的法律色彩。就是说，一方面遵守纪律是一种美德，另一方面，遵守纪律又带有强制性，具有法令的要求。每个从业人员，不论从事哪种职业，在职业活动中都要遵守道德。如教师要遵守教书育人、为人师表的职业道德。医生要遵守救死扶伤的职业道德等。职业道德不仅是从业人员在职业活动中的行为标准和要求，而且是本行业对社会所承担的道德责任和义务。职业道德是社会道德在职业生活中的具体化。

项目一　道德概述

我们每个人都处于各种复杂的联系之中，例如，在家里我们要处理好与父母、兄弟姐妹的关系；在学校我们要处理好师生关系、同学关系；在单位我们要处理好上下级关系、同事关系，等等。如何处理这些关系，用什么样的态度来对待各种关系中出现的矛盾，这就涉及道德问题。良好社会道德风尚的形成，需要全体公民共同努力。作为21世纪的年轻人，我们要加强思想道德修养，牢固树立社会主义荣辱观，做一个知荣辱、讲道德的人，做一个守法纪、讲诚信的人，为构建社会主义和谐社会做出应有的贡献。

任务1　道德概念

一、道德的概念和本质

（一）什么是道德

道德是日常生活中最常见的社会标准，它存在于人们的公共活动、职业活动和家庭活动的一切领域之中，如乐于助人、尊老爱幼等。购物及乘坐公共汽车排队、不随地吐痰等也属于道德的范畴。为了维护和调整人们之间的利益关系，对道德问题的思考，是许多思想家所特别关心的。公元前6世纪的大思想家、大教育家孔子在《论语》中集中论述了在当时社会中人与人之间的道德范畴、道德原则和各种行为规范。

那么，什么是道德呢？道德是人类社会生活中所特有的，由相关经济关系所决定的，依靠内心信念、传统习惯和社会舆论所维系的，并以善恶进行评价的一类社会现象，是调整人与人、人与自然、人与社会之间关系的一种特殊的行为规范。道德，渗透社会关系的各个方面，道德规范也相应地表现在社会的各个不同领域，一个社会拥有的道德规范是大量的、多方面的和多层次的。比如人们常说："师"要有师德，"官"要有官德，"商"要有商德。

（二）道德的本质

道德作为人类特有的现象是怎样产生的呢？从古至今无数伦理学家对此作了探讨。马克思主义认为，道德作为一种社会现象，其产生有多方面的条件，经历了一个漫长的历史过程。

首先，社会关系的形成是道德赖以产生的客观条件。在劳动或从事生产活动的同时，人与人之间形成了一定的关系，也就是我们常说的社会关系，道德是这种关系的产物。孤立的个人是不存在什么道德问题的，只有人生活在社会中，和周围的人形成了人与人、人与社会的关系，才会产生道德。

其次，人类自我意识的形成和发展，是道德产生的主观条件。道德观念的产生，是与人们的物质生产活动、彼此交往以及语言交织在一起的，并不是说有了人就有了道德。自我意识的产生，标志着人把自身同动物区别开来，只有当人们意识到自己作为社会成员与其他动物的根本区别，意识到自己同他人或集体的不同利益关系以及产生了调节利益矛盾的迫切要求，才有可能产生道德。

再次，劳动实践是道德产生的动因。道德产生所需要的主客观条件是统一于劳动实践的，劳动在人类社会的形成过程中起到了决定性的作用。劳动创造了人和人类社会，劳动是人类道德起源的第一个历史前提。如果没有劳动，也就不需要调整人类社会行为的原则和规范，不会有道德的产生和发展。

最后，社会分工和私有制的出现使道德的产生从可能转化为现实。社会分工使原有的社会关系变得复杂起来，面对这个复杂的社会关系，人们对道德有了更高的渴求。私有制的出现，使人们明确意识到人与人之间那种原始的统一被无情地打碎了，而社会要向前发展，也就要求有新的与之相适应的原则和规范来调整这种社会关系。至此，道德才在社会的发展与人的自身发展中从可能转化为现实。

人类最初的道德以风俗习惯等形式表现出来。随着社会生产力的发展和社会生产活动的日益复杂化、多样化，特别是随着人类文明时代的开始，道德逐渐从风俗习惯中分化出来，成为一种特殊的行为规范。

二、道德的特征

（一）道德具有特殊的规范性

道德与哲学、艺术规范一样，都属于上层建筑，但它与后两者也有很大不同。

道德与哲学、艺术相比，它们的存在方式是不同的。哲学是以规范和普遍规律的方式存在的；艺术是以具体的形象方式存在的；而道德是以各种规范的方式存在的，道德就是由各种各样的规则组成的规范体系。

（二）道德具有渗透社会生活的广泛性

从纵向看，道德贯穿于人类社会发展的各种形式。道德萌芽于原始社会，形成于奴隶社会，并在封建社会、资本主义与社会主义社会得到发展与进步，将来进入共产主义社会，国家消亡，但道德不仅不会消亡，可能还要进一步加强，由阶级道德变成人类共同的道德；从横向来看，道德存在于社会生活的各个领域、各种社会关系中。大到经济领域、政治领域、文化卫生领域，小到人们的衣、食、住、行。在面对各种关系，如父子、同事、上下级、师生等关系时，必须遵循一定原则和规范，其中也有道德的问题。

（三）道德具有发展的历史继承性

道德与其他上层建筑一样具有发展的一面，又有与历史相联系、相承接的一面。

首先，各个时代的道德中有一些共同的东西，就是在长期社会发展中形成的各个阶级都遵守的道德准则。如“孝敬父母”“尊敬师长”“勿偷盗”等道德规范。

其次，不同的社会发展时代，不同阶级的道德，也有一些可以继承的内容。在封建社会中，民族英雄的爱国主义精神，以天下为己任的品德，如岳飞的“精忠报国”；包公、海瑞等清官的廉洁奉公、刚正不阿的品德；范仲淹的“先天下之忧而忧，后天下之乐而乐”的豪迈胸怀，这些对现代的道德建设都有一定的借鉴意义。

再次，历史上一些思想家的道德修养理论和道德实践方式，对于后代的道德修养和实践有启发作用。例如，孔子为教育他的弟子提出的“三人行，必有我师焉”的学习要求；曾子提出“吾日三省吾身，为人谋而不忠乎？与朋友交而不信乎？传不习乎？”的自律要求及标准，对后人进行品德修养，就具有启发作用，值得继承与发扬。

（四）道德具有精神内容和实践内容的统一性

马克思曾把人类把握世界的方式分为四种，即科学理论的、艺术的、宗教的和实践精神的。道德是社会意识，是一种思想关系，它是一种精神。但道德作为精神又不同于科学、艺术等其他精神，而是以指导行为为目的，以形成人们正确的行为方式为内容的精神，因此它又是实践的。道德区别于其他社会意识的根本特征就在于它是一种实践精神，道德存在于人们的意识之中，又表现在人们的现实生活之中，它通过人们处理各种复杂的社会关系表现出来。

（五）道德在阶级社会具有阶级性

在原始社会，人们为了生存而共同征服自然，此时，人们的道德观念基本上是一致的。进入阶级社会后，统治阶级为了维护他们的统治，制定了多种规范，如政治规范、法律规范、纪律规范、经济规范、道德规范等，他们用这些规范制约被统治阶级的行为。道德就成为一定社会、一定阶级提出的，处理人与人、人与社会之间的各种关系的一种特殊行为。因此，会存在农民的道德与地主阶级的道德不同的现象。

知识拓展

公民道德建设实施纲要

中共中央2001年9月20日印发《公民道德建设实施纲要》，大力倡导二十字的基本道德规范：“爱国守法、明礼诚信、团结友善、勤俭自强、敬业奉献”。

在政治稳定、经济繁荣的大背景下，精神文明建设同样在迅速地发展。提高人民的文明素质、道德修养已经不仅仅局限于舆论宣传和形式，而是步入了实质性的实施阶段。弘扬中华民族优良文化、继承中华民族传统美德、褒奖正气、谴责邪恶、崇尚高雅、摒弃陋俗，这些蕴含着传统与现代文明精神实质的思想正悄然回到人们的心中，在这片古老的大地上逐渐生根发芽。

任务2 道德的功能和作用

一、道德的功能

道德的功能，是指道德作为社会意识的特殊形式对于社会发展所具有的功效与能力。道德功能集中表现为，它是处理个人与他人、人与社会之间的关系的行为规范及实现自我完善的一种重要精神力量。在道德的功能系统中主要有以下几点。

（一）道德的认识功能

道德是人们把握客观世界的重要方式，它在人们的社会实践和认识进展中产生，进而又来指导人们的实践和认识。

（二）道德的沟通和调节功能

道德在人的社会交往中的传播和影响，使人们彼此认同，彼此理解，从而增进彼此之间的情感交流和行为呼应。由于人们的行为受各种因素的影响，个人与个人、个人与社会之间不可避免地会产生这样那样的矛盾。这诸多矛盾要以多种手段来调节，由于道德的调节具有自律和社会成本最低的特点，因而发挥着不可替代的作用。

（三）道德的教育感化功能

道德的“教化”功能就是通过说理、评价、事实感化、榜样示范和舆论导向等具体方式，化社会道德规范为人们的德行，化“他律”为“自律”。

道德的上述功能一般来说是同时在起作用的，而不是孤立地表现的。因此，道德在社会生活中的功能是不容忽视的。

二、道德的作用

道德功能的发挥和实现所产生的社会影响及实际效果，就是道德的社会作用。道德的社会作用是道德的各种功能在具体的社会历史条件下的实现，它的具体作用表现在如下几个方面。

首先，道德能够影响经济基础的形成、巩固和发展。任何道德都是用自己的标准来评价一定的社会经济关系和社会经济状况的合理性，否定危害它的社会关系的思想和行为，使经济基础得到巩固和发展。我们所倡导的社会主义道德，正是建立在社会主义基础上，为促进社会主义现代化建设的发展和共产主义远大目标的实现而服务。

其次，道德是影响社会生产力发展的一种重要的精神力量。社会的发展，主要是社会生产力的发展，劳动者是生产力各种要素中最积极、最革命、最具能动性的重要因素，是进行社会物质生产的主体。人们的道德面貌影响着人们的生产积极性。这是因为，道德在实现其社会作用的过程中，必须首先转化为人们的内在力量，然后以此为依据来调整人们的社会行为。所以，作为人们行动的一种动力，道德也就间接地对社会生产的发展起着促进或阻碍作用。

再次，道德是构成社会主义和谐社会的重要基础。社会和谐是中国特色社会主义的本质属性，道德建设是促进社会和谐的精神基石。一个社会能否和谐，一个国家能否长治久安，很大程度上取决于全体社会成员的思想道德素质，因为道德通过调整人们之间的关系来维护社会秩序和稳定。没有良好的社会道德风尚，就无法构成社会主义和谐社会。

项目二 职业道德

职业道德是随着社会分工的发展，并出现相对固定的职业集团时产生的。人们的职业生活实践是职业道德产生的基础。在原始社会末期，由于生产和交换的发展，出现了农业、手工业、畜牧业等职业分工，职业道德开始萌芽。进入阶级社会以后，又出现了商业、政治、军事、教育、医疗等职业。在一定社会的经济关系基础上，这些特定的职业不但要求人们具备特定的知识和技能，而且要求人们具备特定的道德观念、情感和品质。社会主义的职业道德是适应社会主义物质文明和精神文明建设的需要，在共产主义道德原则的指导下，批判地继承了历史上优秀的职业道德传统的基础上发展起来的。由于社会主义的各行各业没有高低贵贱之分，在职业内部的从业人员之间、不同职业之间以及职业集团与社会之间没有根本的利害冲突，因此，不同职业的人们可以形成共同的要求和道德理想，树立热爱本职工作的责任感和荣誉感。

任务1 职业道德概念

职业道德，就是同人们的职业活动紧密联系的由职业特点所要求的道德准则、道德情操与道德品质的总和，它既是本职人员在职业活动中的行为标准和要求，同时又是其对社会所负的道德责任与义务。职业道德是所有从业人员在职业活动中应该遵循的行为准则，涵盖了从业人员与服务对象、职业与职工、职业与职业之间的关系。随着现代社会分工的发展和专业化程度的增强，市场竞争日趋激烈，整个社会对从业人员职业观念、职业态度、职业技能、职业纪律和职业作风的要求越来越高。

在社会主义社会，由于职业活动逐步成为最基本的实践形式，所以职业道德也就成为了社会主义道德极其重要的部分。从总体上看，职业道德包括职业理想、职业责任、职业态度、职业纪律、职业荣誉五个方面。

一、职业理想

每个人在走上工作岗位之前，心目中都有一个希望的职业，并且在可能的条件下，都对自己所要从事的工作进行了认真的比较和选择。在职业选择中，最为重要的是个人对职业要有正确的态度。不管是过去还是现在都存在职业选择问题。在旧社会，有相当多的人选择厨师这个职业，是出于生活所迫，从事这项工作可以混口饭吃，以温饱为出发点，能饱腹就是最基本的理想。现在，许多青年人把厨师作为职业，是出于对此行业的喜欢和热爱，在这种情况下，他学习的动力会更强、更持久。

有了高尚的职业理想，即使在平凡的工作中，也能做出巨大的贡献。雷锋是一名普通的战士，他并没有什么惊天动地的创造，他所做的工作都是平凡的，但在平凡的工作中，他始终以一个主人翁的态度对待每一件“小事”，在平凡的工作中表现了共产主义战士的伟大胸怀和高尚情操，把有限的生命投入到无限的为人民服务之中去，受到了人民的爱戴和尊敬（图 1–1）。

图 1–1　雷锋

二、职业责任

职业责任包括企业责任和劳动者责任两大方面。一个劳动者，只有他认识和理解了职业和人民赋予自己的光荣使命，具有高度的道德觉悟和高尚的道德境界，他才能够自觉履行职业职责。

我们的职工是企业的主人、国家的主人。但光荣的主人翁地位，是要在自己的工作实践中，以爱企业、爱国家的实际行动来体现的。有个别职工在自己“小家”里确实是当主人的，上街买东西几角几分也和商家讨价还价；买高档商品更是操心，生怕有问题，对商品挑了又挑，选了又选。但是，对于国家的财产就不那么操心了，这是值得人们深思的。厨师行业也是一样，不管你在什么岗位都有各自的工作职责，我们既要考虑企业的利益，又要照顾顾客的利益，肩上的担子不能发生倾斜，要公平地维护企业和顾客的正当权益。

三、职业态度

人的最本质的行为，就是有目的、自觉地进行劳动活动。这种活动，从人类社会生活一开始就存在，是人类社会生活的基础，对人类的发展起着决定性的作用。它不仅改变着人与自然的关系，而且也深刻影响着人类的社会生活，形成人们之间的道德关系，使人们对劳动的态度具有道德意义。

社会主义职业态度的最基本的要求，就是树立主人翁的劳动态度。最根本的原因就在于，劳动者是社会主义公有制经济的主人。社会主义的生产资料公有制实质上是联合起来的劳动者的共同所有制。首先，生产的最终目的是为了满足劳动者的个人需要；其次，整个生产过程是按照全体劳动者的共同意志，由联合起来的劳动者自己管理的；再次，全部劳动产品都属于联合起来的劳动者共同所有，按照他们的共同利益和意志进行分配，不存在剥削。然而，在现实工作中，有个别厨师没有认识到自己的主人翁地位，把劳动看成是给"别人"干活，有消极怠工、浪费原材料、破坏工具设备、甚至盗窃公共财物的行为。这些行为与社会主义的职业态度背道而驰，每一个劳动者必须树立主人翁的劳动态度和职业态度（图 1-2）。

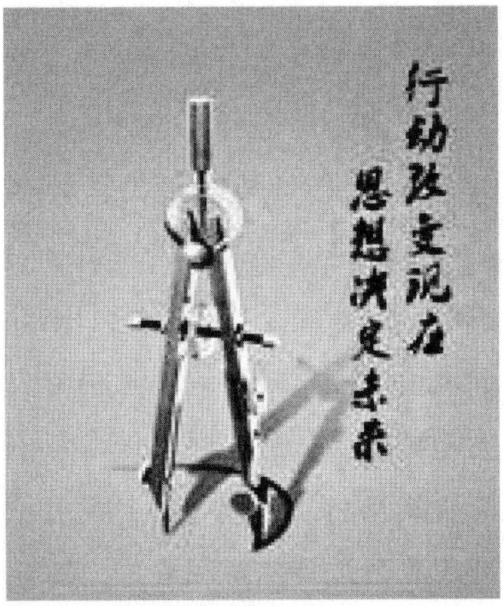

图 1-2 职业态度

四、职业纪律

职业纪律是一种行业规范。它要求劳动者在职业生活中遵守秩序、执行命令和履行自己的职责，它是调整劳动者和他人、和企业、和社会，以及职业生活中局部与全局关系的重要方式。

社会主义职业纪律是广大劳动者在利益、信念、目标完全一致的基础上所形成的高度自觉的新型纪律。这种自觉的纪律是社会主义的法规性和道德性的统一。邱少云（1926—1952）中国人民志愿军一级英雄，1952 年 10 月，为打击盘踞在上甘岭的美国军队，被选派参加潜伏部队，并担任了发起冲击后扫除障碍的爆破任务。12 日上午，敌机向其所在的潜伏区进行低空扫射，并投掷燃烧弹，飞迸的燃烧液燃遍全身。为了不暴露潜伏目标，邱少云任凭烈火烧焦身体一动不动。他双手深深地插进泥土里，身体紧紧地贴着地面，直至壮烈牺牲。他这种自觉遵守纪律，不怕牺牲的精神教育和影响着一代又一代祖国的未来（图 1-3）。

图 1-3　邱少云

五、职业荣誉

17 世纪英国著名唯物主义哲学家洛克有句名言："荣誉是德行的奖品。"这句话说出了一个深刻的道理：荣誉与道德紧密相连。

什么是职业荣誉呢？职业荣誉包含两方面的内容：一方面是指社会用于评价劳动者行为价值的尺度，也就是对劳动者履行职业责任的道德行为的赞扬；另一方面，是指劳动者对自己职业活动所具有的社会价值的自我意识。概括起来，所谓职业荣誉就是对职业行为的社会价值所作出的公正与客观评价和正确的主观认识。从事厨师行业的人员和其他行业的从业人员一样，职业荣誉是宝贵的，需要格外地珍惜。这也需要在广大劳动者中间开展持久、广泛的职业教育，其中包括确立全心全意为人民服务的职业理想，树立主人翁的职业态度，自觉履行职业责任，努力提高职业技能，遵守职业纪律，培养职业良心以及珍惜职业荣誉（图 1-4）。

图 1-4　职业荣誉

任务2 职业道德的特点和作用

一、职业道德的重要性

职业道德素质，是指从业者在职业活动中表现出来的遵守职业道德规范的状况和水平。为人民服务是职业道德素质的核心，每一个从业者无论从事哪一种职业，都是社会主义现代化建设的重要组成部分，都是在为人民服务。同时，从业者要正确处理国家、集体与个人的关系，这也是评价一个从业者个人行为品质的基本标准。

在社会生活中，职业道德具有特殊的社会作用，这是一般社会道德所不能代替的。因此，加强社会主义职业道德的培养，具有特别重要的意义。

首先，加强社会主义职业道德的培养，是促进行业兴旺发达的需要。一个行业或部门的职业道德状况将直接影响本行业、本部门的社会信誉和经济效益，关系到事业的兴衰成败。

其次，加强社会主义职业道德的培养，是调整和建立新型人际关系的需要。社会主义道德建设的基本任务，是在全社会形成团结互助、平等友爱、共同进步的人际关系。现在的中职学生在家里受宠爱，以自我为中心，在社会上总体缺乏合作精神，有时表面和平相处，但是没有坚固的基础，一天之内就可以从好友变为“敌人”；还有相当一部分人性格内向，不善于和人交往，有意无意地封闭自己，走不出个人狭小的圈子，导致敢于担当和敬业精神不够，遇到困难后解决问题的动力不足。

再次，加强社会主义职业道德的培养，是做好本职工作的需要。职业道德修养的高低，直接决定着从业人员本职工作完成的好坏。现在，有一部分烹饪专业的学生，不能正确认识自我，缺乏自信，存在自卑心理；没有良好的学习习惯，缺乏学习兴趣，厌学心理严重；缺乏公共道德意识，存在自私心理；逆反心理强烈，情绪控制能力较低；喜欢非主流，盲目追求个性发展；存在模仿成人心理，学习不良习惯等。针对学生存在的问题，必须加强素质教育，使他们学会学习、学会做人、学会沟通、学会生活，把职业道德作为第一位的素质修养。

最后，加强社会主义职业道德的培养，是实现人的全面发展的需要。要想实现自己的全面发展，成为社会主义的有用之才，就必须加强社会主义职业道德修养，使自己德才兼备。

二、职业道德的特点

（一）稳定性和连续性

职业道德的特点，在于每种职业都有其道德的特殊内容。职业道德的内容往往表现为某一职业所特有的道德传统和道德准则。一般来说，职业道德所反映的是本职业的特殊利益和要求，而这些要求是在长期的反复的特定职业社会实践中形成的。有些是独具特色、代代相传的。不同民族有各具特色的职业生活方式，从事特定职业也有其特定的职业生活方式。这种由不同职业、不同生活方式长期积累逐渐形成的相对稳定的职业心理、道德传统、道德观念以及道德规范、道德品质，形成了职业道德相对的连续性和稳定性。如医生的宗旨是救死扶伤，军人是服从命令，商人则要诚信无欺，教师要为人师表，领导应以身作则等，这些是约定俗成的社会共识，已流传上千年。一般来说进入这个行业、从事这一职业，首先要学习掌握这一职业的道德，要遵守行约、行规。只有认真、模范地实现这一职业道德的人，才是这一职业中的优秀人才。厨师作为传统的职业，其职业道德、职业理念有约定俗成的规则。每一个从事此行业的人都要为获得社会称誉的职业道德而努力。

（二）职业道德的专业性和有限性

道德是调节人与人之间关系的价值体系。鉴于职业的特点，职业道德调节的范围主要限于本职业的成员，而对于从事其他职业的人就不一定适用。这就是说，职业道德的调节作用，主要包括两点：一是从事同一职业人员的内部关系；二是本行业从业人员同其服务对象之间的关系。

（三）职业道德的多样性和适用性

由于职业道德是依据本职业的业务内容、活动条件、交往范围以及从业人员的承受能力而制定的行为规范和道德准则，所以职业道德是多种多样的，有多少种职业就有多少样职业道德；但是，每种职业道德又必须具有：具体、灵活、多样、明确的特点，以便职工记忆、接受和执行并逐渐成为习惯。

案例链接

良好厨师形象的重要性

厨师是有着几千年传统的职业。国人有句至理名言“民以食为天”，“食”离不开烹饪，烹饪离不开厨师。随着社会不断的发展以及餐饮业的日渐繁荣，厨师越来越受到人们的尊重和关注。厨师用高超的厨艺、辛勤的劳动给人们奉献了一道道精美的菜点，也创造出了博大精深的中国饮食文化。然而，随着就业竞争的加剧和经济利益的驱动，个别厨师做出了不守规矩、不讲诚信、缺少厨德的事情，严重损害了厨师的形象。作为厨师，重新树立自身形象和加强职业道德显得尤为重要和迫切。

三、职业道德的作用

（一）有利于提高综合素质

人才的竞争，归根到底是劳动者素质的竞争。只有高素质的劳动者才能生产出高质量的产品，提供高质量的服务。职业道德行为是职业道德素质的表现，是从业者综合素质的重要组成部分。

（二）有利于促进事业发展

事业的发展与人的职业素质密切相关，其良性发展一定程度上是以从业者良好的职业道德为基础的。

（三）有利于实现人生价值

一个人的人生价值有多大，主要是看他的人生在何种程度上满足自身和自己所依存的社会两个方面的需要。我们将前者称为自我价值，后者称为社会价值。人生价值是一个人的实实在在的行为和结果，主要是通过职业活动来实现的，也就是说，职业是实现人生价值的舞台。

（四）有利于抵制不正之风

抵制不正之风，既是我国进一步规范市场经济秩序和加强社会主义精神文明建设的需要，也是每一名从业者的义务和责任。职业道德行为养成的根本目的在于形成自身高尚的职业品质，使人在职业实践中，自觉地把职业道德的基本规范转化为个人内心的要求和坚定信念，使人发自内心地对某种道德义务产生真诚信仰和责任感，从而自觉地杜绝和矫正违背道德的行为，抵制不正之风。

模块小结

本模块讲述了道德的概念、功能和作用；职业道德的概念、特点和作用，对于指导学生树立正确的世界观、人生观、价值观有重要意义。中华民族要屹立于世界民族之林，就必须加强道德建设，国力的提高也需要加强道德建设。一个国家的综合国力，不仅表现在经济、国防、科技这些硬实力上，还体现在国民的道德、文化等软实力上。中央提出“依法治国和以德治国”相结合，目的也在于提高国人的道德素质，国家的发展需要加强道德建设。

复习与思考

一、填空题

1. 17世纪英国著名唯物主义哲学家_____有句名言：“荣誉是德行的奖品。”
2. _____是职业道德素质的核心。
3. 社会主义的_____实质上是联合起来的劳动者的共同所有制。
4. 职业理想包括_____、_____、_____、_____、_____五个方面。
5. 中共中央_____年_____月_____日印发《公民道德建设实施纲要》，大力倡导二十字的基本道德规范：“爱国守法、明礼诚信、团结友善、勤俭自强、敬业奉献”。

二、简答题

1. 什么是道德？
2. 道德的特征是什么？
3. 职业道德的作用是什么？
4. 什么是职业荣誉？
5. 职业道德的特点是什么？

三、论述题

通过学习本模块的内容，你准备怎样培养良好的职业道德习惯？

模块 2

职业与职业素养

◎ 知识目标

1. 掌握职业与职业素养的定义及两者的关系。

2. 理解职业素养的构成。

3. 培养学生正确的职业素养。

◎ 能力目标

你怎样培养自己的职业素养？写一篇关于职业素养的心得体会，小组交流讨论。

模块导入

目前，中等职业学校的毕业生（包括顶岗实习），初次就业率较高，但在一年之内的失业率也较高。“中职生”在向“职业人”转化过程中，缺乏应有的、足够的准备，不少“中职生”最终选择了离开企业或被企业淘汰，其“短板”何在？虽然中职生以“专业技能强”而受到用人单位青睐，但这种优势只是体现在就业入门上。从总体上看“职业素养较低”成了初次上岗持续时间短的重要原因之一。这一问题在餐饮专业的学生中表现得更为突出。由于餐饮行业用工需求量大，入行门槛低，更增加了学生的高流动性，相当多的学生见异思迁，总觉得其他单位的工作环境好、待遇高，经不住诱惑，耐不住寂寞，稍有外界的影响就会离岗离职。据统计，学生参加工作的前三个月左右是离岗高峰期。学生来回跳槽，没有认真深入地静下心来学习知识、掌握技能，更得不到用人单位的重视，到头来也没有取得什么进步。

项目一　职业与素质

说起职业，人们就会想起日常生活中各种各样的劳动岗位以及与劳动岗位相关的各种工作，如政府部门工作人员、教师、厨师、军人等。这些工作由于工作性质、任务、对象和方式的差异，分别被称为不同的职业。我们就生活在由职业编织而成的大千世界中。

任务 1　职业

一、职业的内涵

什么是职业呢？“职业”一词在汉语中出现得很早。《国语·鲁语下》就有“昔武王克商，通道于九夷、百蛮，使各以其方贿来贡，使无忘职业”的记载；《荀子·富国篇》也有“事业所恶也，功利所好也，职业无分，如是，则有人有树之患，而有争功之祸矣”的说法。很明显，古汉语中“职业”一词有两层涵义：一是指人们分内应做之事；二是就谋生计而言。现在给职业下的定义是：指人们从事的比较稳定的、有合法收入的工作。具备收入合法、比较稳定两个必要条件的工作才能称之为职业。

厨师，是以烹饪为职业，以烹制菜点为主要工作内容的人。厨师这一职业出现很早，大约在奴隶社会，就已经有了专职厨师。厨师是有着几千年传统的职业。厨师用高超的厨艺、辛勤的劳动给人们奉献了一道道精美的菜点，也创造出了博大精深的中国饮食文化。随着社会物质文明程度的不断提高，厨师职业也不断发展，专职厨师队伍不断扩大，根据有关资料统计，21 世纪初，世界厨师队伍已发展到数千万人，中国素以烹饪王国著称于世，厨师人数首屈一指。

知识拓展

中国厨师节的由来

中国厨师节最初是由济南、杭州、上海、天津、重庆、福州、广州、合肥、南昌、长沙、成都、西安全国十二大城市的民间组织自发举办的，其目的是想通过厨师节的举办，进一步弘扬中华饮食文化，加强全国各地餐饮业的技术交流，营造尊重厨师、崇尚创新的良好氛围，鼓励厨师为我国餐饮业的发展不断努力奋斗。首届厨师联谊节于1991年10月在济南举办，最初定名为“全国十二城市厨师联谊节”，并且这个名称一直沿用到1998年在上海举办的厨师节。1999年，从第九届开始更名为“中国厨师节”。2000年，第十届中国厨师节的规模和档次得到了进一步的发展。

“中国厨师节”是国家商务部支持的重点展会之一。作为行业例会，已成为我国餐饮行业中最具规模和影响力的品牌活动。对加强行业交流，推动行业发展，弘扬中华饮食文化发挥了重要作用。一年一度的“中国厨师节”已成为中国业内人士的盛大节日。

2008年10月17日至20日第十八届中国厨师节在北京隆重举行，全国各省市的代表团及名厨数千人相聚北京，还有来自美国、日本、澳大利亚、德国、韩国等二十多个国家和地区的海外同仁，切磋技艺，交流经验，极大地推动了中国餐饮业的繁荣发展，同时也确立了中国餐饮第一展的权威地位，被誉为中国“厨师峰会”和“餐饮行业的广交会”。

二、职业的历史演变

职业是人类社会发展到一定阶段的产物。原始社会生产力水平低，人们没有固定的分工，只是在氏族或部落内部，由于性别和年龄的差异而出现的自然分工。一般来说男子狩猎、捕鱼，女子采集植物果实，老年人主要是制造劳动工具，不存在职业分工。当原始社会发展到末期，随着生产力的进步，逐渐出现了畜牧业和种植业，继而又出现了专门经营畜牧业、农业和手工业产品交换的商业。由于有了这些社会分工，便出现了最初的职业，如农夫、牧人、工匠、商人等。

进入奴隶社会，随着生产力的发展，出现了大量的剩余产品，使社会上一部分人有可能脱离体力劳动，依靠别人的剩余产品来生活。奴隶主和富商们完全摆脱了体力劳动，其中一部分人专门从事管理国家、组织生产等活动。

封建社会使职业得到发展。随着封建社会农业经济和社会的发展，冶铁、纺织、陶瓷、印刷、造船、酿酒、制糖、制茶、漆器和武器制造等手工业有了很大进步，除在奴隶社会已经出现的农民、手工业者、商人和生产管理者外，又出现了诸如艺术家、诗人、文学家、科学家、医生、教师等新职业。

资本主义社会发展带来了职业的繁荣。从 18 世纪中期起，西方一些主要国家发生了产业革命，完成了以机器大生产代替手工生产，以机器大工业代替工场手工业的重大变革。大规模的机器生产使职业分工更细，而且带来了许多前所未有的行业，出现了成千上万种职业。

时代发展到今天，职业得到了空前的发展，特别是知识经济时代的到来，为一切从业者提供了更广阔的就业空间，同时也使人们面临严峻的职业挑战。可以设想，未来将有许多全新的职业出现，也会有许多传统的职业消失，20 世纪已经有打字员、铁匠、电话接线员等很多职业消失。由于科技的进步，餐饮业也加快了高科技运用的步伐，炒菜机器人的出现，厨师行业的工作变得更加智能化，同时也对厨师提出了新的要求。社会主义制度建立以后，劳动人民翻身作了主人，厨师职业也和其他众多职业一样，得到了人民的尊重和重视，广大厨师的社会地位与旧社会相比，发生了翻天覆地的变化。今天的厨师中，有的当选为人民代表，有的成了宾馆、饭店的总经理或部门负责人，有的成为劳动模范，有的还走上了高等学府的讲坛。随着厨师社会地位的改变，厨师劳动的社会意义也越来越被人们所理解、认识。

三、职业未来的发展趋势

科技的发展使社会分工和职业分化的势头进一步加强，职业的专业化、智能化、综合化则是职业未来的发展趋势。

职业的专业化是指职业分工越来越细，越来越专，社会对职业的专业技术水平要求越来越高。

职业的智能化是指在职业劳动中，体力劳动的比重减少，脑力劳动的比重增加，体力劳动脑力化。

职业的综合化是指职业之间相互重叠、交叉，职业对从业人员的知识、经验、技能、能力的要求越来越全面。

职业的发展趋势决定了第三产业在未来的发展最为迅速。这也要求烹饪专业的学生，在学习过程中按照“一精一通一熟悉”的教学方针全面掌握技能，拓宽知识面，在理论知识和专业技能方面全方位提高。

任务2 素质

一、什么是素质

素质在《辞海》里（1990年版）是这样解释的：“人或事物在某些方面的本来特点和原有的基础。人们在实践中增长的修养，如政治素质、文化素质。在心理学上，指人的心理发展的生理条件，但不能决定人的心理内容和发展水平。某些素质上的缺陷可以通过实践和学习获得不同程度的补偿。”

心理学观点认为，素质是在人的先天生理基础上，经过后天教育和社会环境的影响，由知识内化而形成的相对稳定的心理品质。现在，我们把素质定义为：素质是指人在先天禀赋的基础上，通过环境和教育的影响而形成和发展起来的相对稳定的内在的基本品质。

由此可见，素质具有遗传性与习得性、自然性与社会性、内潜性与外显性、稳定性与可变性相统一的特征。也就是说，一部分素质是生物遗传的结果，一部分素质是后天教育和社会环境影响的结果，并且这部分后天发展而来的素质不是简单地获得知识和技能，而是知识内化和升华的结果，即知识只是素质形成和提高的基础，单纯具有知识不等于具备一定的素质。一个人素质的高低是通过人的社会行为、人的外在形态来体现的，素质相对持久地影响和左右着人对外界和自身的态度，具有潜在性。

二、知识、能力和素质的关系

知识是能力和素质的基础，没有知识就不能形成能力，也很难形成素质。能力是在掌握知识的基础上形成的，较强的能力又能获得更多的知识，有人认为，人的能力和知识的比例应该是5 ：4。素质与知识和能力相比，处在更高的层次上，对人的发展和人为社会做出多大的贡献起着核心作用。在知识的传授、能力的提高和素质的培养三个方面，用人单位越来越把综合素质高低作为企业选人、用人的标准，因此，无论是学校教育还是个人提升，只有把素质培养放在更突出的位置，才能适应社会和经济发展的大趋势。有个别实习生在实习岗位上没有表现出良好的素质，在餐厅明档工作时和客人见面打招呼，说一句“您好”都困难，被用人单位投诉。所以，一个人即使有很多的知识，也掌握了很高的技能，但是，如果其素质不高也不会得到用人单位和社会的认可。

三、素质的类别

素质的分类有多种观点。从心理学的角度，可以把素质划分为生理素质、心理素质、社会文化素质三个层面。我们认为，素质可以分为基本素质和技能素质两大类。基本素质是指一个人在社会上生存和发展必需的素质，主要包括政治思想素质、道德素质、身体素质、科学文化素质。技能素质是指劳动者从事某项活动所必需的素质，强调掌握的专业技能规范和操作技能，以及与某一具体职业活动所要求的特殊的身体素质、心理素质。

项目二　职业素养

职业素养就像蓄水池，通过源源不断的注入，需要的时候就会自然流淌出来。高水平的职业素养是职业之树常青的营养源，言谈举止、为人处事都体现出人的素质水平。职业素养是个体内涵的品质，通过行为表现出来。

任务1　职业素养的构成

一、什么是职业素养

职业素养是指从业者在一定生理和心理条件的基础上，通过教育、劳动实践和自我修养等途径而形成和发展起来的，在职业活动中发挥重要作用的内在基本品质。

不同的职业要求从业者具有不同的职业素养。无论从事什么样的工作，劳动者都要具备一定的政治思想素养、职业道德素养、科学文化素养、专业技能素养、身心素养。职业素养不好、不完善，即使给你提供条件多好的职业，也无济于事。

职业素养是一种有价资源，职业素养的高低意味着人在市场的价值高低。只有职业素养高的人，才能生产出合格的产品，才能有很好的工作。所以，中等职业学校的学生应该加强职业素养的培养，以适应未来本职工作的需要。烹饪专业的学生面临的素养要求更明显，因为本专业的学生在很多情况下直接为客人服务，面对面地交流和沟通，客人可以直接感受学生服务的质量如何，体会职业素养的好坏。

二、职业素养的特征

职业素养具有以下几个方面的特征。

（一）专业性

不同的职业，职业素养是不同的。对建筑工人的素养要求不同于对护士的素养要求；对商业服务人员的素养要求不同于对教师的素养要求。例如，北京公交售票员李素丽的职业素养始终是和她作为一名优秀的售票员联系在一起的，正如她说："如果我能把10米车厢、3尺票台当成为人民服务的岗位，实实在在去为社会做贡献，就能在服务中融入真情，为社会增添一份美好。即使有时自己有点烦心事，只要一上车，一见到乘客，就不烦了。"作为从事烹饪专业的学生要求的职业素养更高，肩负的责任更大。中国有句话是"民以食为天"，如果厨师加工出来的食品不能满足客人的需求，甚至发生食品安全事故，会造成非常大的社会负面影响。

（二）稳定性

一个人的职业素养是在长期工作中日积月累形成的。它一旦形成，便产生相对的稳定性。在行业中，有许多年长的厨师，经过几十年的工作，形成了良好的职业素养，深受单位领导和同事的赞扬，事业上获得了很大成就，也得到了社会的认可。如果没有经过长期的努力和付出，是不可能取得成功的。

（三）内在性

从业人员在长期的职业活动中，经过自己学习、认识和亲身体验，能够知道怎样做是对的，怎样做是不对的。这样，有意识地内化、积淀和升华这一心理品质，就是职业素养的内在性。在日常工作中，如果需要安排比较重要的工作，总是把工作交给让上级领导放心的员工去做。人们之所以放心他，就是因为他的内在素养好。

（四）整体性

一个从业人员的职业素养是和他整体素养有关的。作为厨师来讲，如果你思想道德素养很好，但科学文化素养、专业技能素养差，领导交给你的工作不能完成，你也不会得到上级的表扬和认可，就不能说这个人的整体素养好；相反，如果你的科学文化素养和专业技能素养都不错，但思想道德素养比较差，在岗位上不遵守劳动纪律，不服从管理，整天惹是生非，不能够为企业创造出更多的利润，同样不能说你的整体素养好。可见，职业素养一个最重要的特点就是整体性。

（五）发展性

一个人的素养是通过教育、自身社会实践和社会影响逐步形成的，它具有相对性和稳定性。但是，随着社会的发展对人们不断提出新的要求，人们为了更好地适应、满足、促进社会发展的需要，总是不断提高自己的素养，所以，素养具有发展性。现在，国家倡导社会主义核心价值观（图 2-1），每一个公民都要行动起来，对于促进人的全面发展、引领社会全面进步，具有重要的现实意义和深远的历史意义。

图 2-1 社会主义核心价值观

三、职业素养的构成

每种职业都有其各自的特点，并对从事这一职业的人员有着特殊的素养要求，即使是同一职业的不同岗位，对从业者的要求也不尽相同。因此，在培养自己的职业素养时，必须围绕其所学专业的不同特征，构建不同行业的职业素养。职业素养包括思想政治素养、职业道德素养、科学文化素养、专业技能素养、身心素养五个方面。

（一）思想政治素养

思想政治素养是人在政治上的信仰和信念，包括世界观、价值观。这一素养是认识社会、成为社会认可的人所必需的素养。中等职业学校的学生无论从事何种职业都要学会做人，尊重别人的劳动，有社会公德，对国家、对民族、对社会有责任感。任何人都有自己的国家和民族，作为职业厨师首要的一条就是要热爱自己的祖国，忠于自己的国家。只有树立这样的信仰，将国家和民族的利益放在至高无上的位置，才具备基本的职业道德。

（二）职业道德素养

职业道德是从事一定职业的人在具体的工作中必须遵守的基本行为和道德准则。职业不同，职业道德规范就不同。但各种职业道德规范有一些基本要求和规范，它是一个职业人应具备的职业道德素养。

作为一名社会主义中国的厨师，除应具备爱国、爱党、爱人民的起码思想品德之外，根据烹饪职业的特殊性，还应该特别提出以下几点：一是全心全意为人民服务的精神；二是热爱本职工作的敬业精神；三是热爱集体、热爱企业的精神；四是牢固的法制观念；五是诚实守信、办事公道；六是追求上进，具有担当精神。

（三）科学文化素养

科学文化素养是人们从事专业学习的基础，是职业拓展的根基。人们从事职业活动，必须具有一定的技术、技能，而培养各种技术、技能，必须以一定的文化素养为基础，科学文化知识越丰富，对技术、技能形成的指导性越强。从事厨师专业也需要广博的知识，烹调技术与很多知识相关：在原料刀工成形加工中，运刀的角度、力度以及成形的规格、形状等，与数学、力学有联系；对原料进行分档取料时与生物学和动物解剖学有联系；工艺凉菜的制作、食品雕刻等技能与构图、造型、色彩等有密切的关系；配菜需要营养学、卫生学等理论知识为指导。

（四）专业技能素养

专业技能素养是指职业劳动者从事某种专门职业时，在专业知识和专业技能方面所表现出来的状况和水平。它主要包括扎实的专业知识和熟练的专业技能。

厨师的业务素养包括的内容很多，其主要方面是要有精湛的技术。具体地说，作为一名合格的厨师，要有精细的刀工；对火候的掌握要得当；调味要准确适口；要掌握现代营养、卫生等有关烹饪科学方面的基础理论知识；要了解祖国的烹饪文化历史；要懂得一定的民俗礼仪知识；要有一定的美学修养和艺术创新基础。

（五）身心素养

身心素养包括身体素养和心理素养。厨师工作是一种强度较大的劳动，要成为一名合格的厨师，首先要有健康的身体。厨师的工作很辛苦，不仅工作量大，而且较为繁重。无论是加工切配，还是临灶烹调，都需要付出很大的体力。没有健康的身体是承受不了的。再者，厨师还要具有较强的耐受力。厨师工作与普通工作不同，往往是上班在人前，下班在人后；做在人前，吃在人后。甚至有时业务忙起来，连一顿完整的饭都吃不上。而且还要经受炉前高温、油烟的熏烤等。有人把这种耐受力形象地概括为“四得”，即饱得、饿得、热得、冷得。第三，厨师还要反应敏捷，精力充沛。厨房工作一旦开始，就呈现出高度紧张的状态，特别是业务量大的时候。当客人点菜或订购宴席之后，厨师就要立即做出反应，配菜烹调。此外，在生产过程中，有些菜需要急火烹制，如爆菜类，这些菜肴往往要求在很短的时间内完成一系列的操作程序，这就要求厨师具有敏捷的思维、熟练的动作和充沛的精力。从心理素养上讲，要有积极的心态和良好的情绪。

知识拓展

厨师帽的由来

世界各国的厨师，工作时穿的工作服可能不一致，但戴的帽子是一致的，都是白色的高帽，戴上这种帽子操作，有利于卫生，可避免厨师的头发、头屑掉进菜中。不过最先戴上这种帽子的厨师倒不是从卫生着眼，而是作为一种标志。

希腊的中世纪，动乱频繁。每遇战争，城里的希腊人就逃入修道院避难，有一次，几个著名的厨师逃入修道院，他们为安全起见，打扮得像修道士一样，黑衣黑帽。他们与修道院的修道士相处得很好，每天都拿出他们的手艺来为修道士做菜。日子一长，他们觉得应该把自己与修道士在服饰上区别开来，于是就把修道士戴的黑色高帽改为白色。因为他们是名厨师，所以其他修道院的厨师也竞相仿效。到今天，几乎全世界的厨师都戴上了这种帽子。

任务 2　职业素养的培养

职业素养培养的途径和方法

（一）加强学习，提高职业认识

在现实职业生活中,有些人在生活的激流中表现出高尚的职业道德行为;有些人却颓废消沉、自私自利、道德沦丧，这就不能不从人生观上找答案了。不同的人生观，支配着不同的道德行为。个人主义为中心的人生观，决定了把追求金钱和享乐作为道德行为的基础，认为人生的目的只不过是为了个人的物质享受和个人利益；为人民服务的人生观，激励人们把人民群众的利益放在心上，履行社会义务和道德责任，力求为人民做好事，为社会的发展、国家的兴旺而不懈努力。烹饪行业从业人员只有加强马克思主义理论学习，树立为人民服务的人生观，在正确人生观的指导下，刻苦实践社会主义职业道德规范，才能把自己培养成一个具有高尚品德的建设者。

（二）在长期的实践中锤炼高尚的职业情操

培养和形成高尚的职业道德，必须努力实践、身体力行。每个烹饪从业人员只有把学习的职业道德规范运用到实践中去，切实以职业道德规范指导自己的行动，才能逐渐将其变为自己的内在品质。离开了职业实践，道德品质的培养和道德规范的施行，就是一句空话。如何才能做到努力实践、身体力行呢?

一是必须热爱自己的本职工作，这是进行职业道德培养的前提。因为任何一个从业人员即使懂得了职业道德理论，背熟了相关的规范，但是对自己所从事的事业毫无兴趣，对自己的服务对象也缺少热情，就不可能去实践职业道德。

二是要不畏艰难。提高自己的职业道德修养是一个不断学习、不断战胜自我、不断改造自我的过程。高尚的社会主义职业道德不是与生俱来的，所以要在实践中不断地学习，克服困难，排除各种干扰，战胜种种私心杂念，只有这样，才能使社会主义职业道德牢固地树立起来，不断提高和完善。

三是要坚持不懈。一个人良好的职业道德的培育，不是一朝一夕就能完成的，需要经历一定的锤炼过程，所以要持之以恒，坚持不懈，在具体的工作中服务好每一位客人、烹调好每一道菜肴、加工好每一道面点，只有这样，才能逐渐培养起高尚的道德品质，把本职工作干好。

（三）积极参加职业道德建设活动

每一个烹调从业人员都要争取利用多种形式学习职业道德常识，虚心向模范人物学习，自觉运用职业规范要求自己；在职业活动中将心比心，换位思考，多一份理解和关爱，少一点冲突和矛盾，提高服务意识；积极投身到岗位练兵、行业比赛等各项活动中去，练就一流的职业技能；积极参加其他有意义的活动（图2–2），不断丰富自己的内涵，自觉养成优良的职业道德行为习惯。

图 2–2 职业道德建设活动

模块小结

本模块讲述了职业与素质、职业素养的构成等内容。教育学生正确认识和理解职业与素质的关系，以及如何培养自己的职业素养，可以帮助学生在日常生活和工作岗位上，始终按照职业要求，不断加强职业道德修养，成为社会建设的有用人才。

复习与思考

一、填空题

1. 首届厨师联谊节于______年______月在济南举办，最初定名为“全国十二城市厨师联谊节”，这个名称一直沿用到1998年在上海举办的厨师节。
2. 素质具有______、______、内潜性与外显性、稳定性与可变性相统一的特征。
3. 从心理学的角度，可以把素质划分为_____、_____、_____三个层面。
4. 职业素养包括___________、___________、科学文化素养、___________、身心素养五个方面。

二、简答题

1. 什么是职业？
2. 什么是素质？
3. 什么是职业素养？
4. 职业素养有哪些特征？
5. 加强职业素养培养的途径和方法是什么？

三、论述题

"最文艺菜名"

周一星星点点、周二展翅高飞、周三翻江倒海、周五片片是心肝、周日纤夫的爱……这么文艺的名字，您能猜出来是菜名吗？近日，在集美北区上班的庄女士，将公司食堂菜单晒到了网上，引起众多网友的热议。原本平淡无奇的午餐时间，因为不断创新的菜谱而变得有娱乐精神。

很多单位都有食堂，但像集美公司食堂这样，每天都有这样很文艺菜名的，还不多见。这些菜不是哗众取宠，而是很有讲究，取名都有依据。比如：厨师苏辉说："当年，江边、河边常有很多纤夫在劳作，他们做饭通常就地取材，例如小鱼、粉条、蔬菜等。"他的"纤夫的爱"就是以此为背景，烹制时也是以石锅为容器，炖上小鱼、粉条、蔬菜等，深受用餐员工欢迎。

"最文艺菜名"能使人开心、精神振奋。好听的菜名再加上精工细作、好味道的菜品，使公司员工平添了对生活的一种向往，体会到了工作之余的另一番乐趣，实在值得称道。

厨师在一些人眼里算不得很值得羡慕的职业，但在苏辉师傅看来，这个工作干起来是那么开心幸福。从厨师苏辉身上，我们理应得到更多启发。

请同学们讨论从苏辉身上，我们学习到了他什么样的职业精神？

模块 3

烹饪、烹饪职业与烹饪职业素养

◎ 知识目标

1. 熟悉烹饪与烹饪职业。
2. 正确认识烹饪职业素养的重要性。
3. 掌握烹饪职业素养的要求。

◎ 能力目标

根据烹饪职业素养的要求，写一篇烹饪职业素质修养方面的心得体会，小组交流讨论。

模块导入

中国是世界上著名的四大文明古国之一，中华民族也是世界上历史最古老的民族之一。早在一百多万年以前，华夏大地就有我们的祖先在生活。他们不仅创造了中华民族灿烂的古代文明，同时也创造了光辉灿烂的古代饮食文化，不论是菜肴的种类，还是菜肴的色、香、味以及菜肴的烹饪艺术等方面，都远远走在世界各国前列。伟大的民主革命导师孙中山先生在《建国方略》中说过："我中国近代文明进化，事事皆落人之后，唯饮食一道之进步，至今尚为文明各国所不及。"

中华民族的饮食，经过数千年的发展，到今天，已根据不同的地域，不同民族的风俗而呈现出花样纷呈、菜系繁多，技艺精湛、作工考究、雅俗共存的格局。

项目一 烹饪与烹饪职业、烹饪职业素养

烹饪是人类文化发展的产物，也是人类生活演进的标志。我国是具有数千年历史的文明古国，烹饪在我国历史发展的进程中，经历了由萌芽到成熟、由粗放到细致、由简单到精美的逐渐发展过程。人类的饮食文明，大体上经历过生食、熟食与烹饪三个阶段。中华民族饮食文明一般来说是从元谋人开始，已有170万年的历史。这段历程，既漫长、艰辛，又壮丽、辉煌，在人类饮食史上写下了光辉灿烂的一页。

任务1 什么是烹饪

一、烹饪的定义

“烹饪”一词始见于《周易·鼎》，原文为：“以木巽火，亨饪也。”“鼎”是先秦时代的炊、食共用器，形似庙里的香炉，初为陶制，后用铜制，还充当祭祀的礼器，后作为权力的象征。“木”指燃料，如柴草之类。“巽”的原意是风，此处指顺风点火。亨，也作烹，作加热解；饪作制熟解，合为烹饪，就是将食物的原料放置于炊具中，用燃料加热，制熟。由此可知，烹饪这一概念在古代包括了炊具、燃料食物原料、调味品以及烹制方法诸项内容。

那么，烹饪应该怎样解释呢？烹饪广义的解释为：人类为了满足生理需求和心理需求把可食原料用适当方法加工成为直接食用成品的活动。它包括对烹饪原料的认识、选择和组合设计，烹调技法的应用与菜肴、食品的制作，饮食活动的组织，烹饪效果的体现等全部过程，以及它所涉及的全部科学、艺术方面的内容，是人类文明的标志之一。

二、中国烹饪的特点

（一）强烈的时代性

中国烹饪的时代性是指中国烹饪的发展受制于时代的变迁，它不可能超越时代，不可能脱离一定时代的社会生产力所能提供的种种条件。我们知道，随着社会生产力的发展，古人所使用的烹调器皿不断增加，使烹调方法也不断增多。尤其是到了奴隶社会，由于青铜器的使用，在加工菜点时传热速度更快，加工效果更好。到了现代，铁器成为烹饪不可缺少的重要烹饪器具。

（二）广泛的适应性

中国烹饪能够烹制任何可食用的原料，如动植物原料、矿物性原料、加工制品原料等。另外，中国的疆域辽阔，气候多样，物产丰富，也为中国烹饪提供了得天独厚的条件。同时，中国烹饪产品也具有广泛的适应性，尤其是粤菜、川菜在世界上也有很高的地位，受到许多国家食客的青睐。

（三）菜肴风味的多样性

我国地域广阔、民族众多，由于各地气候、物产、风俗习惯的差异，自古以来，在饮食上形成了许多不同的风味。在饮食习惯上我国以“南米北面”而著称，在口味上有“南甜北咸，东酸西辣”之别。同时也形成了众多的地方风味，其中最著名的有川、鲁、苏、粤四大风味，在我国具有较高的地位。

（四）菜点原料四季有别

中国烹饪具有按季节而食的特征。我国大部分地区春夏秋冬四季分明，各种食物原料因时迭出。《周礼》中载有“春多酸，夏多苦，秋多辛，冬多咸，调以滑甘。”这就是调味要应合季节时令。同时，我国还一直遵循调味、配菜的季节性，各种菜蔬，更是四时更替，适时而食。现在，许多蔬菜品种由于采用先进的生产方式，打破了原来季节的界限，使多种蔬菜四季不断，但从质量上讲，还是应时的品种质量优于其他季节生产的。比如韭菜，春天在陆地上生长的第一茬韭菜叶粗壮肥厚，味道浓厚鲜美，随着季节的变化，韭菜的质量也越来越差。我国有句俗语“六月韭，牛不瞅”就是这个道理。

（五）菜肴讲究美感

中国烹饪不仅技术精湛，而且自古以来就讲究菜肴的美感，注重食物的色、香、味、形、器、质的协调一致。厨师们利用自己的聪明才智设计制作出种类繁多、独树一帜的菜肴，达到色、香、味、形的完美统一，给人以精神和物质高度统一的特殊享受，同时注重内在美与外在美的和谐统一。

（六）菜肴注重情趣

中国烹饪自古以来就注重品位情趣，不仅对菜肴的色、香、味、形、器、质和营养有严格的要求，而且在菜肴的命名、调味的方式、时间的选择、进餐的环境和节奏和娱乐的穿插等方面都有一定雅致的要求。中国烹饪情调优雅，氛围艺术化，主要表现在美器、夸名、佳境三个方面。

（七）注重医食结合

中国烹饪与医疗保健有密切的联系。在我国，几千年前就很重视“医食同源”“药膳同功”。

药膳是在食疗的基础上进一步发展、完善起来的，人类在与大自然斗争以求生存的过程中，不断发现可以充饥的动、植物，有些也能治病。那时还没有能力把药物和食物严格区分开来，随着时间的推移和人类社会的发展，才逐步将它们分开。但至今还有不少种原料在药、食之间没有严格的区分，如大枣、山药、百合等。

三、中国烹饪的发展趋势

中国饮食有着辉煌的历史，在许多方面都有独特优势，在当今社会也有举足轻重的地位，但仍然存在一些不足，如烹饪技术模糊，烹饪设备落后，个别烹调方法不利于人体健康，从业人员总体素质偏低，产业化程度不高等方面面临着巨大的挑战。

中国烹饪发展的趋势，受制于两方面的因素，一是社会发展、社会生产力发展的大趋势，二是自身的条件因素。从中国社会的形势看，烹饪行业正处在一个重要的发展期，社会生产力稳定、高速增长，农业、工业、科学技术都处在历史上的最高水平，社会政局安定，人民群众的生活水平正在提高，一个相当大的富裕阶层已经形成。

从中国烹饪行业本身状况看，中国烹饪的各流派之间由于现实条件的变化，正经历着交流并酝酿着发展的阶段。烹饪教育、烹饪研究的发展水平也都是空前的。新原料、新设备不断加入中国烹饪的队伍，使中国烹饪发展的前景非常明朗。可以肯定地说，在未来的时期里中国烹饪的整体工艺水平和产品质量将有更大的提高。

任务 2　烹饪职业

一、烹饪职业的产生

饮食离不开烹饪，烹饪则离不开厨师。厨师，是以烹饪为职业，以烹制菜点为主要工作内容的人。厨师这一职业出现很早，大约在奴隶社会，就已经有了专职厨师。作为职业厨师要想成为大厨、名厨，获得社会的承认，就要不断钻研业务技术，学习充实自己，树立竞争意识、风险意识、拼搏精神，掌握学习新技术、新知识，提高自身的修养和素质，从而获得社会的认可。

二、厨师职业的社会地位及作用

在人类社会发展的不同阶段，由于社会经济、政治制度不同，特别是生产力发展水平不同，厨师所处的地位是不同的。

（一）社会主义制度之前厨师的地位及其作用

职业是社会历史发展的产物，准确地说是生产力发展的结果。历史上很长一段时间，厨师的社会地位极其低下，被称为是“下九流”的职业。统治阶级一方面说：“民以食为天”，追求“食不厌精”，一方面却又故做斯文，说什么“君子远庖厨”。被称为古代美食家的袁枚，曾经为其家厨王小余写过一篇传记，开头第一话便是“小余王姓，肉史之贱者也。”古代的达官贵人、文人墨客笔下，记录了无数关于美食的文字，但却很少有关于厨师本身的文字记载。在旧时代，只有为生活所迫，为了糊口和生存才去干厨师。因此，旧时代从事厨师职业的人，大多是出身低微、文化水平低下的劳苦民众，根本谈不上什么社会地位，他们存在的主要作用，就是为统治阶级花天酒地的生活提供服务。他们付出艰辛的劳动，创造了辉煌的烹饪文化，却长期处在受欺压、被奴役的阶层。旧时代人们称厨师叫“火夫”“厨子”“厨役”等，从这些称谓中，可以想象得出厨师的地位是何等低下。

（二）社会主义厨师的社会地位和作用

社会主义制度建立以后，劳动人民翻身作了主人，厨师职业，也和其他众多职业一样，得到了人民的尊重和重视，广大厨师的社会地位与旧社会相比，发生了翻天覆地的变化。

1. 厨师是人类文明建设中不可缺少的一支重要力量

人无不饮食，而饮食则离不开厨师的劳动。随着社会物质文明的进步，家务劳动的社会化是历史发展的必然趋势。随着紧张的、快节奏的社会生活方式的到来，以家庭烧煮为主的饮食方式，要被公共餐厅、食堂以及流动快餐为主的方式所取代。这样，厨师的劳动将替千百万人解决生活上的后顾之忧，从而将大量的劳动力从忙于家庭烧煮的事务中解放出来，而使得人们将更多的精力投入工作、学习和娱乐生活中去。

2. 厨师是社会经济建设的促进者

厨师创造美食，满足社会消费的需要，从而增强人的体质，促进人的健康，保证人们有更多的精力、更强的体魄投入到社会建设事业中去。同时，在为消费者提供优质服务的同时，又为饭店获得经济效益。尤其需要指出的是，厨师在政治、经济、文化、外交活动中的中介作用是不可忽视的。在现代社会，许多交际活动都离不开餐饮活动。因此，从这个意义上讲，厨师的劳动已成为引导消费者，推动经济建设的强大动力之一。

3. 我国厨师是中国饮食文化的继承者和传播者

中国烹饪文化历史悠久、灿烂辉煌。正如毛泽东所言：中国文化中，一个是烹饪，一个是中医，是值得我们自豪的东西。中国优秀的饮食文明和烹饪技术，靠谁去继承并发扬光大？主要靠厨师。新中国成立以来，中国烹饪由传统的单纯的技术，逐步进入科学、艺术的殿堂。这除了党和政府的重视之外，与广大厨师精心总结和辛勤劳动是分不开的。今天，一批批既具有精湛技艺，又具备烹饪科学知识、艺术理论的厨师已经成长起来。他们已经成为中国烹饪文化的优秀继承人。同时，随着我国改革开放的进行，大批中国厨师走出国门，迈向世界，将中国优秀的饮食文化传播到世界各地，并得到了举世的称赞。因此，可以毫不夸张地说，中国厨师在世界上已成为传播中国优秀文化的出色使者。

三、厨师职业的发展趋势

俗话说：“一技在手，吃穿不愁”，在如今市场经济飞速发展的趋势下，职业竞争给很多年轻人带来了更多挑战，很多人不再视大学为“铁饭碗”。他们开始改变陈旧的思路，转变过去就业理念，选择更加适应社会经济发展的高薪技能型职业。

在众多的技能当中，烹饪成为近年来社会热议的话题，不仅是因为时下餐饮行业的发展需要，而且厨师一直以来都是受到人们高度肯定的金牌职业。“民以食为天”这句俗语在现代社会，不仅仅是体现在饮食消费得到满足，而更多的是在营养和品位方面也有不同层次的追求，所以人们生活水平的日益提高为餐饮和厨师行业发展提供了更加强有力的保障，也推动了中国饮食文化向更高层次不断地发展。众多的有志青年选择厨师行业，正是证明了社会在发展，人们的意识观念也在发生着变化，如何正面应对复杂的社会竞争压力，如何在这个多变的社会大潮中立足发展，如何拥有永不失业的黄金职业，学厨师是个明智的选择。纵观餐饮业市场，一面是红火发展的局面，而另一面却是因人才短缺，无力让门店迅速扩张，而备受煎熬的餐饮企业，针对这些现象，中国烹饪协会会长苏秋成指出“我国改革开放 30 年餐饮业营业额增长 200 多倍，年平均增长率高达 20.53%，餐饮消费成为拉动我国消费需求增长的重要力量，餐饮行业要发展，需要更多的有志青年投入到厨师烹饪的岗位中来。”

任务 3 烹饪职业素养

一、厨师的职业素养瓶颈

几千年来，厨师的人员构成基本上都是子承父业或师傅带徒弟的形式，一代代沿袭至今。很多从业者都是从小就随师傅到饭馆里做事，经过几年或几十年的摸爬滚打，承袭着上辈师傅们的技术。但在文化知识、个人学识、专业修养、形象包装、艺术创造、营养保健等方面几乎没有涉猎。再加上厨师行业历来形成的家族式、帮派式、承包式、垄断式、排他式的人员任用机制，制约了行业整体全面健康发展。要想打破这种“瓶颈”，就要废除陈旧的厨师行业人员的诞生机制，建立科学的用人机制。要经常组织员工学文化、学知识、学技能、炼修养，培养懂经营、善管理的综合性烹饪技术人才，弘扬中国美食文化，推动餐饮行业的健康发展。

二、现代厨师应具备的基本素养

（一）要具备较高的技能素质

厨师是以制作符合卫生和饮食质量标准的食品，为客人提供饮食服务的专业技术人员，应具有熟练的、过硬的操作技能，厨房的任何一员都应具备本职岗位的操作技能和基本知识。现在厨房分工明确，各工种都有严格的岗位质量标准，同时各工种之间又是紧密联系不可分割的，在熟练操作本工种技能的同时，必须要充分了解下一道工序的质量要求，灵活地进行制作。一个名厨必须是精通本菜系的烹调能手，并且旁通国内各主要菜系的烹调方法和技能。无论是烹调、火候、刀工、食雕、冷盘、小吃和点缀，都能得心应手，而且能指挥带动整个厨房内的各岗位厨师爱岗敬业。对于菜式要不断地推陈出新，对于厨师的培养和提高要起到领头羊的作用。从而使本酒楼、餐厅的菜品独具风味特色，吸引更多更广的顾客。

（二）博学多才

随着人们对饮食质量的要求不断提高，给厨师带来的压力和挑战越来越大。厨师仅能做一手好菜已不能满足食客的需要。一道菜，不仅要知道制作方法，还要知道制作原理，要清楚菜肴原料在受热过程中的变化，了解菜肴的营养价值，把握好火候，能根据菜品和食客的要求准确烹调。这就要求我们厨师不仅要能够熟练地掌握和运用烹饪技能，同时还必须懂得营养学、原料学、烹饪理学、烹饪化学、烹饪美学、调味知识、饮食心理学等知识。烹饪是一门综合科学，厨师必须博学多才，所谓厚积而薄发，方能赋予烹饪更多创造性的内涵和色彩。

（三）要有高尚的厨德修养

一个店的兴衰，厨房工作人员是关键。未来的餐饮业，竞争会更加激烈，厨师之间的竞争，也不可避免地要加剧。更多的用人单位在选择厨师方面已不仅仅局限在技术方面，而是从理论知识、综合素质和一眼看不见的人格方面考虑。对厨师来说，人格就是厨德。德是才之师，是成就事业的基础。假如一个厨师欺上瞒下、坑害他人、偷吃偷拿、损人利己、道德败坏，有谁愿意与他交朋友,做同事？又有谁愿意聘用他呢？所谓要想做成事必先做好人。所以具备高尚的人格和良好的厨德是现代厨师最重要的素质之一。

三、烹饪从业人员应有的职业素养

（一）忠于职守，爱岗敬业

忠于职守，就是要把自己职责范围内的事做好，符合质量标准和规范要求，能够完成应承担的任务。尽职尽责的关键是“尽”。尽就是要求用最大的努力，克服困难去完成职责。尽职尽责和忠于职守的反面，就是玩忽职守，这种作风不把工作当回事，不把责任放心上，工作马马虎虎，凑合应付，心不专注；或者干脆消极怠工，偷懒耍滑，不遵守纪律。显然这些人不热爱自己的工作岗位，缺乏对人民、国家、集体、他人的负责精神，必然造成工作损失和对他人利益的损害。

案例链接

工作马虎酿恶果

某技校的小王和小李毕业后一起被分配到某地的国棉三厂职工食堂，从事面点工作。一天，小王用和面机把面和好后，就把电闸拉了下来，准备把面从机器里搬出来，并告知其他人不要合电闸。正在小王操作时，小李不观察小王工作的情况，直接推上了电闸，小王的手臂被搅成粉碎性骨折，住院花费了不少的医药费，并耽误了工作。小李因工作马虎造成严重后果，负担小王的治疗费用，并且受到了法律的制裁，被判刑入狱。

爱岗敬业绝不是口号，而是有着实在内容的行为规范，体现了主人翁的劳动态度。有人认为自己不过是打工仔，财产也不属于自己所有，就大手大脚浪费原料，随便抛弃边角碎料，甚至火不旺时就往火上浇炒菜用油，更有甚者为了发泄不满情绪往下水道倒调料，浪费现象严重。这不仅直接损害了国家、集体的利益，而且由于浪费加大了成本，也给消费者带来了损害。

任何一种道德都要求从一定的社会责任出发，在工作中，培养相应的社会责任感，同时培养良好的职业习惯和道德良心、情操，通过长期的实践使自己逐步达到高尚的道德境界。因此，职业道德要从忠于职守、爱岗敬业开始，把自己的心血用到自己从事的职业中去，能够把自己的职业当做自己生命的一部分。“干一行爱一行”这是职业道德最起码的要求。在旧社会，不少穷孩子为混口饭吃到饭馆学徒当“厨子”，社会地位很低，被称为“下九流”。但他们知道职业来之不易，兢兢业业学艺，终成为名师。在社会主义制度下，厨师职业享受着与其他职业平等的待遇，社会地位越来越高，不少有成就的烹饪工作者，获得“国宝”级专家的荣誉。

案例链接

国宝级烹饪大师——侯瑞轩

侯瑞轩是河南省烹饪协会名誉会长，厨师之乡长垣烹饪协会名誉会长，被誉为当代“国厨”，他的业绩已被载入《世界优秀人物大典》，从艺六十余载，无数次为国家领导人设计制作国宴。曾接待过伊丽莎白二世女王、克林顿、叶利钦、明仁天皇等数百位国家元首。1933年侯瑞轩刚刚13岁，他便到河南开封的“便宜坊”学习厨艺，开始了延续60多年的厨师生涯。侯瑞轩大师虽技艺精深，但他胸怀坦荡，从不因身怀绝技而傲人，每年都要利用休假空闲传经授艺。经他教授成名的厨师达数百人之多。在1982年调入钓鱼台国宾馆任总厨师长，创制了“三低一高”钓鱼台菜；1993年中直机关为他举办的72岁寿宴上，时任国务院副总理田纪云挥毫题赠“烹饪一绝”四字；1999年，河南省烹饪协会在郑州召开了“侯瑞轩从艺60年烹饪技艺研讨会”，为他颁发了“豫菜泰斗”匾额，同时设立“侯瑞轩烹饪奖励基金”。2000年，80岁高龄的他被批准退休后，仍被钓鱼台国宾馆聘请为终身顾问。侯瑞轩师傅退休以后，应邀到全国各地讲学传授技艺，得到广泛赞誉。侯瑞轩大师平凡的一生，做出了不平凡的事业。他生前多次表示，只要身体条件允许，他将继续为国家和人民多做贡献，为中国烹饪事业再立新功。

（二）公平交易，货真价实，讲究质量，注重信誉

烹饪从业人员烹制的菜点，其质量的好坏，决定着企业的效益和信誉。

厨师烹制菜点的目的是卖给顾客，因此菜点具有商品的属性，和其他一切商品一样，具有使用价值和价值的二重性。作为商品生产的企业、生产者和经营生产商品，获得利益，才能调动商品生产者的积极性。客人到餐馆就餐要付费，就是餐馆工作人员的劳动所转化的价值与顾客在其他行业劳动所得的价值的交换。两者是等价的，因此，货真价实就成为职业素质的重要组成部分。以次充好、粗制滥造、定价不合理等，实际上就是无偿占有别人的劳动成果，是不道德的。

一分质量一分价钱，这是自古以来商业工作者的职业要求，然而在这方面有些餐馆做得不是很好。菜点不符合质量要求的问题较多，偷工减料，以次充好时有发生，这是严重的欺骗行为，也是不遵守职业道德的表现。

案例链接

高价的挂面

20世纪90年代初，在某城市的火车站周围，有一家快餐店经营炒菜及各种面食。由于毗邻火车站，客流如织，生意火爆。有一天，店里来了十多位客人，他们点了汤面条，有一名厨师用500克干挂面，少加了些青菜叶做出了15碗。许多人对火车站地区的消费质量不放心，在人们的心目中存在脏乱差现象，这位厨师的所作所为，更使火车站周围的餐饮消费信誉受到严重影响，这种做法也不符合公平交易、货真价实的原则。

（三）尊师爱徒，团结协作，互敬互学，共同提高

中国烹饪文化源远流长，世代相传，在世界上享有崇高的美誉。这是历代厨师辛勤付出创造的结果。一代一代的厨师，通过师徒传艺的形式，使很多烹饪方法、技艺得以继承和发展。随着时代的进步，传艺的手段有了多样性的变化，但不管形式如何变化，老师傅仍然发挥着至关重要的作用。因此，尊师爱徒，是厨行的传统职业道德，必须继承和发扬。

知识拓展

师生关系的典范——程门立雪

“程门立雪”这个成语家喻户晓。它出自宋代著名理学家将乐县人杨时求学的故事。杨时从小就聪明伶俐，四岁入村学，七岁就能写诗，八岁就能作赋，人称神童。他十五岁时攻读经史，熙宁九年登进士榜。他一生立志著书立说，曾在许多地方讲学，备受欢迎。居家时，长期在含云寺和龟山书院潜心攻读，写作教学。有一年，杨时赴浏阳县令途中，不辞劳苦，绕道洛阳，拜师程颐，以求学问上进一步精进。有一天，杨时与他的学友游酢，因对某问题有不同看法，为了求得一个正确答案，他俩一起去老师家请教。时值隆冬，天寒地冻，浓云密布。来到程颐家时，适逢先生坐在炉旁打坐养神。杨时二人不敢惊动打扰老师，就恭恭敬敬侍立在门外，等候先生醒来。杨时的一只脚冻僵了，冷得发抖，但依然恭敬侍立。过了良久，程颐一觉醒来，从窗口发现侍立在风雪中的杨时，只见他通身披雪，脚下的积雪已一尺多厚了，赶忙起身迎他俩进屋。后来，杨时学得程门理学的真谛，东南学者推杨时为“程学正宗”，世称“龟山先生”。此后，“程门立雪”的故事就成为尊师重道的千古美谈。

老师傅是国家和社会的财富，一般地说，他们具有爱党、爱国、爱社会主义的高尚品德，又有高超的手艺和绝活，在长期实践中积累了丰富的经验，为烹饪事业的发展做出了很大贡献，因而理应受到尊重和爱戴。青年厨师都具有一定的学历，有较强的接受能力，是中国烹饪未来的希望。因此，在尊师爱徒的前提下，团结合作、互相学习和补充是时代的要求。团结协作还表现在相互支持和配合上。厨房的内部有不同的分工，上一道工序要为下一道工序做准备，为下一道工序提供方便，只有相互配合与协作，才能完成任务。如果每一个人只图自己省事，不能发挥团队的力量和智慧，工作任务就很难完成。

（四）积极进取，开拓创新，重视知识，敢于竞争

建设具有中国特色的社会主义市场经济是前所未有的伟大而艰巨的事

业。摒弃僵化、因循守旧的思想作风，树立开拓创新和敢于竞争的精神，是历史赋予我们的任务之一。在餐饮业中，很多方面都需要这种可以推进行业发展的宝贵精神。开拓创新精神的确立依赖于知识和人才，依赖于积极参与市场竞争的实践。市场竞争是优胜劣汰，十分残酷。然而正是竞争，推动了开拓和创新精神的发扬，调动了人们的聪明才智和企业的积极性，推动了社会生产力水平的不断提高和科学技术的进步。

案例链接

一技之长

高中毕业生王恒，因为学习成绩不理想没有考上大学，他感到前途渺茫。有一天，在美国留学回来探亲的叔叔知道王恒的情况后，问他对哪方面有特别的兴趣和爱好。王恒说文化课一般，但是一些业余的东西学得很好，比如水果雕刻等。叔叔建议道："那你可以上技校学厨师啊。"当时王恒一听就直摇头，学厨师专业自己没地位不说，弄得父母面子上也不好看。叔叔说凭本事吃饭，体面地生活，没有什么丢面子的，这个时代，本事才是面子。在不该讲面子的时候讲面子，将来一定没面子。就这样王恒学起了厨师专业，没想到，学起来非常顺手，比学工科顺溜多了。几年后王恒进了一家星级饭店，当他第一次将薪水交给父母时，父母非常惊讶，他们干了一辈子，月薪还没有王恒赚的尾数多。父母第一次为王恒的前途松了一口气。邻居们也说王恒有出息，孝顺父母，比孩子在外留学的虚名强多了。

知识经济时代，学习是永恒的主题，知识是推动行业发展的动力之一。作为烹饪从业人员，要不断地积累知识，更新知识，适应原料、工艺、技术不断更新发展的需要，适应企业竞争、人才竞争的需要。

（五）遵纪守法，廉洁奉公，不徇私情，不谋私利

为了规范竞争行为，加强法制建设的力度和维护消费者利益，国家出台了一系列法律、法规。法律、法规、政策是调节人们利益关系的重要手段，有力地促进了市场经济的健康发展。任何社会组织，都需要有规矩和有约束

力的规章制度，规定所属人员必须共同遵守和执行。能自觉遵守纪律，就能把事情办好，违反纪律工作就不能正常进行，严重的还会受到法律的制裁。

知识拓展

杜绝非法猎捕

江西省资溪县位于武夷山脉西麓，林业资源和野生动物资源丰富，全县森林覆盖面积高达87%，属国家级自然保护区。这样的环境非常适宜野生动物的繁衍生存，那里野生动物众多，有许多国家级的保护动物在那里栖息。然而就是在这样一个优美的环境里，却每日都有丧心病狂的事情发生。在资溪非法盗猎盛行，大有无人不猎之势。大量的国家级保护动物被杀戮，猕猴、黄麂、野猪、猫头鹰、果子狸、野兔等无一幸免！它们有的被直接卖进了酒楼，有的被拿到农贸市场叫卖，有的被卖到外地，统统成了盘中餐、口中味。众所周知，动物是人类的朋友，我们要善待和保护它们，保护了它们就等于保护了人类自己。保护野生动物，是一种美德，也是每个公民应尽的义务，对野生动物的保护要从自己做起，自觉做到不打、不猎、不买、不吃。对那些非法捕猎者，我们要给予坚决的打击！对非法经营者要让他们倾家荡产，锒铛入狱！对政府中监管不力、玩忽职守、徇私枉法的公务人员，绝不能姑息迁就，要一查到底，情节严重的要追究责任。

遵纪守法是对每一个公民的基本要求，能否遵纪守法，是衡量一个人职业道德好坏的重要标志。对餐饮业有关的法律、规定，都要在工作岗位上身体力行。廉洁奉公是餐饮从业人员必须具备的道德品质。它要求从业人员公私分明，不损害国家和集体利益；要求有大公无私的品格，秉公办事的精神，绝不能把工作岗位当成牟取私利的工具。

项目二 烹饪职业教育的发展历程

从原始社会人类的茹毛饮血到现在酒店餐馆的盛宴，可以看出我国烹饪的根基深厚、历史悠久。中国烹饪教育是随着人类社会的发展和烹饪知识、技艺、经验的累积而逐渐形成的，它伴随着烹饪技术的发展而不断进步。

任务 1 中国烹饪职业教育发展的时期

随着社会对高技能人才的大量需求，近年来职业教育的发展呈现生机勃勃的景象，这也加快了我国产业结构升级的速度。截至目前，我国已经具备了大规模培养技能型人才的基本能力，与此同时，各大职业院校也在办学过程中积极创新，让广大学生在学习技能的同时，提高各方面能力。

一、烹饪职业教育发展的时期

1949 年 10 月 1 日中华人民共和国成立后，人民当家作主，解放了生产力，也极大调动了广大厨师的积极性和创造性。还由于国民经济复苏振兴，工农业产值成倍增长，奠定了餐饮业发展的物质基础，餐饮市场也空前活跃。再加上科学技术进步，文化教育普及，有利于烹饪理论研究的开展和新型厨师的培养。而人民生活水平提高，国际交往频繁，第三产业兴盛，又赋予烹饪以新的活力。这都说明，中国烹饪发展史上的第四次高潮正在来临。新中国成立后，烹饪的发展也不是一帆风顺的。它大体上可以分作三个阶段，各有不同的特点。

第一阶段是 1949 年至 1956 年，属于复苏时期。由于政局稳定，经济回升，烹饪逐步恢复了历史上一些好的传统，这一阶段走的是上坡路，各方面初见成效，奠定了大发展的基础。

第二阶段是 1957 年至 1976 年，属于动荡时期。由于政治运动频繁和自然灾害不断，经济停滞，烹饪发展受到挫折，在 20 年间又跌入低谷，元气大伤。

第三阶段是1977年至今，属于跃升时期。党的十一届三中全会召开后，随着改革开放，经济迅猛增长，“旧貌换新颜”，中国烹饪迎来了黄金之春，20年的巨大成就超过了历史上的100年。从目前趋势看，它仍处于加速运转的良好状态中，会育出更加肥硕的花蕾。

二、开办烹饪院校，培训技术人才

1949年以后，国家在鼓励名师传艺、进行文化补课的同时，还多层次、多渠道地兴办烹饪教育事业。国内贸易部（现商业部）在武汉、烟台、沈阳、重庆、南京、福州、西安等地设立了10多个烹饪培训中心，专门培训在职的中高级厨师；各省、地、县还自办培训点，培训当地厨师；在全国的职业中学开设了数百个培训班；在全国的劳动技校、商业技校或普通中专中已有百余所学校设置烹饪专业；在近40所普通高校和职业学校中，设置中国烹饪、餐饮管理、旅游服务等专业。除了正规的学校教育外，从20世纪80年代起，全国各地普遍开办了为数众多的厨师培训班，甚至办了许多专门的厨艺培训学校。

当前，非学历的职业技能培训（图3–1）、烹饪中等职业教育、烹饪高等职业教育、饮食营养科学和教育以及饮食文化专业的硕士研究生，构成了中国烹饪厨艺传承和烹饪科学文化研究的完整系列。

图3–1　厨师技能培训

三、组织人力编纂教材，出版专业期刊

20世纪80年代以前，很少有专用的厨师培训教材，一般是借用烹饪技工学校的教材。20世纪80年代以后，各部门和一些省、市、自治区自编了一部分培训教材。

2000年，国家劳动和社会保障部规定，包括烹饪诸工种在内的工人技术等级一律分为初级、中级、高级、技师、高级技师5个等级，至此，烹饪行业等级标准正式确立。为推动烹调师、面点师职业培训和职业技能鉴定工作的开展，在烹饪专业从业人员中推行国家职业资格证书制度，劳动和社会保障部中国就业培训技术指导中心在完成“国家职业标准”制定工作的基础上，编写了中式烹调师、中式面点师、西式烹调师的《国家职业资格培训教程》。劳动和社会保障部教材办公室组织编写了《职业技能鉴定指导》，各地根据实际情况，依照“国家职业标准”的要求，编写了适合当地的教材。

国内原先没有专业的烹饪期刊，相关的学术论文散见于历史学、食品学和医药卫生科学的期刊上，也有少量见于一些高等院校的学报上。改革开放后我国每年约出版饮食文化书籍近600种；也出现了烹饪专业期刊，在全国的数百种期刊中，与饮食文化直接相关或间接相关的就有100多种。在烹饪期刊方面有偏重理论探讨的《餐饮世界》《中国烹饪研究》；有致力于传授烹调技艺的《四川烹饪》《烹调知识》；有宣传饮食文化的《中国烹饪》《中国食品报》；有着眼于商业营销和信息传播的《国际食品》《中国烹饪信息》等。

任务2 烹饪职业教育的一般特征

职业教育是在普通教育的基础上，对社会各种职业、各种岗位所需要的就业者和从业者所进行的职业知识、技能和态度职前教育和职后培训，使其成为具有高尚的职业道德、严明的职业纪律、宽广的职业知识和熟练的职业技能的劳动者。烹饪职业教育是职业教育中的一个部分，是主要针对烹饪专业进行的教育，它有以下几个特征。

一、现代烹饪职业教育是传统和现代相结合的产物

现代职业教育是包罗广泛的教育体系，随着现代职业涉及的领域日益广阔以及高新技术的不断开发、应用，职业教育必然要建立相适应的体系。传统的烹饪职业教育是从简单的从业需要的角度来确立职业教育原则，让接受职业教育者掌握一门烹饪技能。这种教育思想没有看到当今世界发展如此迅速，技能人才不断提高自己的重要意义，从而忽视了培养全面发展型人才的迫切性，以往单一的教育模式已不可能跟上时代前进的步伐。但现代烹饪职业教育绝不等于放弃传统，放弃已有的好东西。传统的烹饪职业教育也有可取之处，例如，它可以为学生打下扎实的基本功，可以使学生在学习阶段不至于盲从于流行趋向。因此，现代烹饪职业教育是传统和现代的结合，用“继往开来”形容现代烹饪职业教育是比较确切的。

二、采用职业教育信息化，实现开放式职业教育

现代职业教育体系是一个综合门类的教育体系，单靠一两所学校的力量想要完全建立这种体系，是一件既费力又难以实现的事情。而固步自封、不与外界交流学习也难以将教育搞好。因而公开资源、增进交流并且及时地吸收其他学校以及国外优秀的教育经验是现代职业教育开放式的教育思想的体现。职业教育信息化是实现职业教育现代化的基础，是基于现代信息网络技术的一个全新的教育体系。职业教育信息化不是计算机、网络、职业教育的简单相加，而是职业教育、教学、管理、学习与现代信息网络技术的有机融合，从而形成包括教育思想、教育内容、教育组织、教育模式、技术手段、教育评价的动态系统。应进行总体规划、科学设计，以校园网建设和总体网建设为依托，建立电子政务、信息交流、资源共享、远程教育等为主体功能的信息网络化平台，服务于学校、学生和社会，并面向世界，为职业教育的改革发展提供技术支撑。

三、以人为本的教育模式

我国职业教育大多是由普通教育改制而来的，教学组织形式主要延续普通教育的模式，主要采用传递—接受教学模式，教师的职能是“传道授业解惑”，而其他类型的教学模式都是辅助的，教师是主角，学生是配角。现代职业教育教学方法的内核是强调学生的中心地位，教师的作用是指挥、引导、协调。职业教育本身就是一个内容丰富、涉及广泛的综合学科，并且每一个学生因其天资、学识、生活经历的不同，在学习兴趣与能力上就自然产生了千差万别的表现。因此，因势利导，使学生学有所长，不以同样的标准要求每一个学生，使其能够在有专长或有兴趣的方面尽情地发挥，成为有用之人，就成为现代职业教育的重点。目前，国家社部在全国中职学校开展中式烹饪一体化教学工作，教学模式采用新的理念，把学生作为学习的主体，老师为主导，充分调动学生的积极性，实现在工作中学习，在学习中工作的目的。

四、转变传统教育观念、积极培养学生的综合职业能力

烹饪职业教育的培养对象直接是面向餐饮市场、面向社会的。因此，人才的培养一定要与市场挂钩，与社会接轨，满足社会饮食行业的需要。因此

现代烹饪职业教育必须注意培养学生的综合职业能力（如人际交往能力、创新能力、自学能力等）和提高学生的全面素质（如思想道德素质、科学文化素质、身心健康素质、劳动技能素质等），促进学生健康活泼地成长。让学生主动参与，积极思考，亲身实践，培养学生的自主意识、竞争意识和创新意识；培养学生的自我调控能力、创造性思维能力和适应社会的能力。这样有着综合职业能力的学生才能在经济大潮中立于不败之地。为此职业学校就应根据人才市场需求的多样性和层次性来调整、规划专业结构以及课程的设置，做到人才培养的速度、规模与市场的需求相适应。

任务3 烹饪职业教育的现状及发展趋势

一、烹饪职业教育的发展现状

20世纪80年代以来，随着国家经济的飞速发展，烹饪作为一门技术性、艺术性、科学性的学科已经被越来越多的人所重视。“君子远庖厨”的观念已在餐饮业带来的巨大利润中逐渐淡化。厨师这种职业开始被更多的人青睐。正是在这种背景下，烹饪教育越来越受到人们的重视。20世纪90年代后，烹饪职业教育已称得上遍地开花，无论是招生规模，还是学校的硬件设施、师资力量都跃上了新台阶。烹饪职业教育的兴起，为提高厨师的理论水平、动手能力、文化素养都做出了很大的贡献。

然而，当时间进入21世纪后，特别是近年来，烹饪职业教育出现了很大的滑坡。这固然和厨师队伍的迅速膨胀有关，但也和家庭、学校、学生有很大的关系，这些问题，不能不令从事烹饪职业教育的人员有所思考。

第一，家庭原因。由于受学历教育思想的影响，许多家长希望自己的子女能接受高等教育，故而选择上普通高中。即使选择职业中学，也有好多学生上对口高考班，期望通过对口单招来获得进入高等院校深造的机会，而不愿意将子女送到职业学校来学习专业技术。

第二，学生自身的原因。进入职业学校的学生，有相当大一部分的学生是初中成绩不太理想。这些学生整体素质偏低，文化基础差，学习积极性不高，严重影响教学目的和教学效果的实现。再者由于现在的学生多属独生子女，平时在家极少做家务，甚至从未做过家务，缺乏动手能力，而烹饪是一项操作性较强的工种，故而造成部分学生专业技能不佳。

第三，学校的原因。学校的原因是造成烹饪专业现状最重要的一个原因。主要表现为以下四个方面。

一是在课程设置方面，有些学校由于教学设施或师资力量不足，往往加大文化课的课时，而削减专业课，忽视了中等职业教育培养目标的要求和特色。很多学校因为自身条件有限，无校内实习基地，只能将学生送到校外的饭店去实习，而学校从安全方面出发，从便于学生管理方面出发，在学习中途又不让学生去餐饮企业实习，而集中到最后毕业前一次性实习，从而使学生毕业后一时难以适应餐饮企业的工作。

二是许多学生自以为在校学习三年，各门功课也不错，正准备大干一场时，却发现现实环境和理想化的环境形成了极大的反差。在校自始至终接受的都是孔子“食不厌精，脍不厌细”的烹饪理念，而许多餐饮企业中往往都是以快为准。精雕细刻的切配跟不上实际工作快节奏的需要，在学校操练过的百十种“名菜”没有展示的机会，而丰富的调味品，多样的餐具，令他们眼花缭乱，很多厨艺甚至是闻所未闻，要真正从厨还得从头学起，他们搞不清自己和一般的学徒有什么区别。

三是学生进入餐饮企业后，一天工作下来，腰酸背痛，非常疲乏。这是因为在校期间，每天的技能课只有几节，在练习时也是以动作标准为佳，而在行业中，这些基本动作往往连续不断，几乎一干就是一整天，且上班期间全是站立操作，所以体力跟不上。

四是学生在校所学的课程与实际运用有所脱节，例如，营养卫生知识，学校着重介绍各种原料所含营养成分，而烹饪原料经过加工、切配、烹调成菜后所含营养价值如何却不得而知；部分专业教材的编写出版时间较早，许多内容显得陈旧，许多新技术、新方法却没有介绍。

综上所述，在烹饪职业教育中，存在着许多误区，而最主要的是学生所学与实际运用相脱节。烹饪职业教育归根结底是为社会培养合格、有用的人才，烹饪毕业生的主要就业方向就是餐饮企业。所以，学校和餐饮企业的合作就显得非常重要。为餐饮企业培养人才，就必须深入了解餐饮企业的工作方式、工艺流程、人才需求等。由于学校不同于餐饮企业，故而在人才培养中，让餐饮企业参与进来，就弥补了学校的不足，使学生能够及时了解市场的变化和餐饮企业的需求，并可解决实习菜肴的销售问题。这样，就能使培养的学生和社会需求相适应。另外，加强对学生身体素质的训练，增强学生的体力和耐力，对课本内容进行一定的增减，对即将毕业的学生进行就业理念的培训也很重要。

二、烹饪职业教育的发展趋势

烹饪在发展，时代在前进，我们的烹饪教育也要随其变化而发展。改变传统的教学理念，突出实践性、应用性，以市场需要为参照，以学生就业岗位所需的知识技能来进行课程设置。以“能力为本位”为教学指导思想，确定教学内容，以学生必需的文化知识与专业知识为核心，以培养学生的创新和实践能力为重点，遵循教育规律，突出职业教育特色，使中职教育更好地适应经济建设、社会发展和劳动就业的需要。在重视专业技能建设的同时，强化创新能力与综合素质的培养，我们的毕业生才能适应社会的需求。同时，加强职教品牌意识，增强职教的宣传力度，让广大人民群众了解职教，支持职教，我们的烹饪教育事业才会越来越红火。

（一）观念现代化是职业教育现代化的核心

首先要实现教育观念的现代化。有一种观点认为，随着知识经济的发展，带来了现代化社会的科技进步，带来了社会经济与生活方式的深刻变化，社会发展呈现出“信息化”“智力化”“知识化”的趋势。于是在现代社会中，职业教育已失去了它原有的重要地位。在当前教育发展的过程中，存在着重高级专门人才、轻劳动技术大军，重普通教育、轻职业教育的思想。我们知道：“综合国力的竞争实际上是科技和民族素质的竞争，归根到底是人才和教育的竞争。”其次，经济发展靠人才，人才培养靠教育。职业教育是各类教育中与经济联系最紧密、最直接的教育，是把科学技术转化为现实生产力的桥梁。我国社会主义现代化建设中，高级专门人才的作用固然相当重要，但从事物质生产第一线的人员却总是占多数的。只有提高占多数的劳动技术大军的素质，才能生产出高质量的产品，提供高效益的服务，才能为现代化提供雄厚的基础。职业教育正是培养和提高千百万劳动技术大军的基本途径，其现代化与否，直接影响着产品的质量和经济效益的提高。

（二）职业教育现代化的目标是提高劳动者的素质

什么是高质量的职业技术人才呢？高质量的职业技术人才主要体现在其培养目标和教育质量上。未来社会劳动者的素质不仅仅指某项专门职业技能，而应是综合职业素质，它既包括职业知识与职业技能，还包括职业意识、职业道德以及与人合作共事的能力与处理矛盾的能力等。即要求所培养的劳动者既有扎实的职业技能基础，又有适应转岗、换岗的能力。根据这一要求，现代职业教育的培养目标应是具有较强的市场意识、创新意识、现代意识和敬业精神，以及具有综合职业能力和全面素质的现代实用人才。职业教育教学质量的现代化，就是要更新教育教学观念，改变教育目的与培养目标，改变管理体制和运行机制，大胆吸收和借鉴国内外职业教育先进的教学思想、教学观念、教学模式和教学方法等。

（三）以市场为导向，合理设置专业

改变学科本位的教学模式，实行能力本位教学，以社会和餐饮企业的需求为导向，从劳动力市场分析和职业岗位分析入手，合理设置专业，开发新的课程体系，加强学生综合职业能力和全面素质的培养。以市场为导向，面向市场、面向经济设置专业，做到专业设置与当地餐饮市场发展相适应。以“供应”为目标，课程设置要突出岗位实际需要与综合素质提高的需要，不要一味强调系统性，教学内容要有地方性和时代性，要体现现代教育思想和现代经济思想。

（四）职业教育运行机制的现代化

烹饪职业教育要放弃传统的终结性、封闭式的运行机制，实行终身化、开放化的灵活运行机制。传统的职业教育社会化程度不高，人才培养目标与规格容易造成供需双方的脱节。随着市场经济体制的建立和经济增长方式的转变，职业教育必须走开放式的道路，主动与企业和社会“联姻”，使学校培养出来的学生符合企业和市场的需要。同时，职业教育要在终身教育思想的指导下，树立终身教育的观念，走终身职业教育的道路。现在，烹饪原料、烹饪设备、烹饪技术也在不断进步和发展，有的打破了过去的加工模式，因此需要不断学习。

项目三　烹饪专业课程中素质教育的必要性

职校生也是社会主义事业的接班人，是祖国未来高素质的建设者和劳动者。对职校生进行素质教育，培养他们正确的劳动态度和劳动习惯，提高学生的实践能力和动手能力，既是素质教育的要求，又是培养社会主义现代化建设的高素质人才的重要途径。

任务 1　素质教育是适应时代发展要求的教育

一、现代中国人无法逾越的道德困境

现代中国人生活在新旧道德的历史交替期，承受着新旧道德冲突，一面被新生活所吸引，一面又被旧心态所禁锢，陷入了无法回避的道德困境。其一，道德评价失范。人们受到双重标准或多元标准的影响，似乎无论哪一种标准都有一定的“道理”，而任何一种标准的背面，又都可找到反向标准，它同样具有存在的合理性。这种情况，使得当今道德评价变得模棱两可，常常陷入自相矛盾的窘境。其二，价值取向紊乱。道德评价失范必然导致道德选择迷惘和价值取向紊乱，使人们普遍对自己所承担的社会角色丧失信心和诚心，职业道德失去了昔日的稳定性，严重干扰着人们的敬业精神和工作质量，使各种社会工作低效率。其三，各式各样的非道德主义泛滥。非道德主义指这样一种行为取向，即反对任何道德约束，主张放任自流，用虚无主义来对待社会提倡的道德理想和行为规范。非道德主义的实质是极端个人主义和颓废主义的结合体。其四，道德教育苍白无力。道德教育缺乏一致性，道德理想与现实生活的矛盾，严重降低了道德教育的水准和影响力。

二、素质教育是我国改革开放和经济发展的需要

随着社会主义市场经济体制的确立，使得我国社会生产和社会生活发生了前所未有的变化。人们的思想观念和价值取向也发生了变化，人的主体地位得到更充分的体现，社会对于人才、人的素质提出了新的要求，社会的发展和变革呼唤教育的改革和发展。职业教育必须通过自身的变革来主动适应社会的需要。2014 年 6 月 23 日习近平总书记在全国职业教育工作会议上指出：职业教育是国民教育体系和人力资源开发的重要组成部分，是广大青年打开通往成功成才的大门的重要途径。要着力提高人才培养质量，弘扬劳动光荣、技能宝贵、创造伟大的时代风尚，营造人人皆可成才、人人尽展其才的良好环境，努力培养数以亿计的高素质劳动者和技术技能人才。我们意识到，“世界范围的经济竞争、综合国力竞争，实质上是科学技术的竞争和民族素质的竞争。谁掌握了新世纪的教育，谁就在 21 世纪的国际竞争中处于战略主动地位。”

任务 2　素质教育是学生全面发展的需要

科学发展观的核心是以人为本，其目标是实现人的全面发展。以人为本体现在育人上就是“以学生发展”为本，体现在教育的主体上就是“以学生为本”。中职学生全面发展其含义仍然是党的教育方针中明确规定的：德、智、体、美的全面发展。坚持以人为本是教育的本质、手段和方法，促进学生全面发展是中职教育的目的。

一、学生全面发展是培养现代社会高素质人才的需要

当今时代，社会竞争日益激烈，中职毕业生能否迅速地适应社会并为社会发展做出自己应有的贡献，不仅取决于他们的专业知识和能力，更取决于学生的健全人格、健康个性、自我管理能力、人际沟通能力等。自主与创新素质较高的人，就能游刃有余，立于不败之地。学生自主管理模式正是符合培养全面发展的人才的要求，它能促进学生主动修身、主动求知、主动劳动、自主管理、主动健体、主动参与、主动发展。这与素质教育要求学生达到“六个学会”，即学会做人、学会求知、学会劳动、学会生活、学会健体、学会审美的内容和目标是吻合的。

二、学生全面发展是快变、巨变的时代发展的需要

微软总裁比尔·盖茨曾说：“微软离破产永远只有 18 个月”。企业唯有以不变应万变才能发展生存，不变是创新，包括管理、技术、产品等方面的创新，而创新靠的是人的创造力。而自主管理便建立了这样一种机制，一种自我更新的机制，通过下移管理重心，充分放权，激发每一个学生的能动性和创造性，提供一个让学生自我发展，不断学习，主动创新的环境。

三、学生全面发展是促进学生身心发展的需要

随着身体的迅速发育，中职学生的自我意识明显加强，独立思考和处理问题的能力不断提高，不论是在个人生活的安排上，还是对人生、社会的看法上，都开始有了自己的见解和主张。对于老师、长辈的讲解和说教，或书本上现成的结论，他们不太轻信和盲从，除非有事实证明或逻辑的说服力。他们对许多事物都敢于发表个人的意见，并敢于坚持自己的观点，这是一个主动寻求自己的主体性的时期、一个自我努力建构社会主体的过程。因此，培养其自主管理能力是非常适时和必要的。

四、学生全面发展是提高学生自我教育能力的需要

从根本上说，管理或引导中职学生进行自主管理，目的并不在管理本身，而是要让学生在更好的环境中受到教育。引导学生自主管理，形成自主管理的习惯，是培养其自我教育能力的基本途径。引导学生自主管理，有时可以取得意想不到的效果，因为他们更熟悉自己周围的同学和伙伴，一旦他们积极行动起来，便能找到解决问题的适当的办法，对培养学生敏锐的观察力和较高水平的组织、协调能力是非常有帮助的。

教育的最终目的是培养社会所需要的合格人才。怎样才算是合格人才呢？那就是具备现代化的、合理的智能结构，还应该具备独立完善的人格的人才。实行自主管理，有利于学生认识自我，了解他人，加强人与人之间的合作意识，为培养“社会化”人才打下坚实的基础。越是善于自我管理的学生，越是具有责任感和全局观念。

任务 3　素质教育是当前餐饮业的需要

中国改革开放已经走过了波澜起伏的 30 年，在这 30 年里中国餐饮业伴随着改革的浪潮也经历了三次飞跃式发展。中国餐饮经历了从洋快餐抢滩中国市场到非典的冲击，再到食品安全事件（苏丹红事件、福寿螺事件）的影响，中国餐饮业在冲击中，实现销售额不断增长。但是，随着社会经济的发展，餐饮业的竞争越来越激烈，餐饮业从业人员的自我约束、修养的自我提高显得特别重要。

一、厨师队伍不稳定，影响企业的发展

餐饮行业是人员密集性行业，同时也是流动性最大的行业，餐饮行业员工的高流动率一直是困扰企业管理者的难题。在其他行业，正常的人员流失一般应该维持在 5%~10%，而作为劳动密集型企业的餐饮行业，其流动率最高不应该超过 15%。但据一项中国旅游协会开发培训中心对国内 23 个城市 33 家 5 星级饭店人力资源的查询拜访，近 5 年来，饭店员工的平均流动率高达 23.95%，餐饮部分的流动率更是高达 28.64% 以上，而且随着饭店业竞争的日趋激烈，员工的流失率一直居高不下，并有继续攀高的趋势。这种状况对于企业和个人都是弊大于利。

案例链接

频繁跳槽的“技师”

某技校高级工班的小申，2010年秋季入校学习烹饪专业，2013年进入企业顶岗实习，到现在两年多的时间换了好几家单位，来回跳槽，技术上没有进步，企业也不认可他的工作。现在他认识到自己存在的问题，决心静下心来脚踏实地干好自己每一天的工作。想一想，小申为什么在技术上没有进步？

二、菜点流派不同，影响创新和发展

中国饮食文化经过千百年的积淀，形成了不同的流派。但是，随着社会

的变迁，时代的进步，社会资源需要共享的时候，中餐的发展却仍然固守传统。每个菜系和流派的厨师都受到传统的影响，产生了隔阂，很少交流，各自为战，自诩老大，于是当优点和缺点同样明显的时候，菜点无法进一步融合和发展。因此，流派的局限在一定程度上阻碍了餐饮业的进一步前进。另一方面，由于包厨制、师徒制、厨师长负责制等因素的影响，厨师之间自然形成帮派，你不服我，我不服你，最后两败俱伤。

案例链接

互相拆台的厨师

深圳在改革开放初期，有一家酒店想经营不同的菜式。于是就聘请了两个省的厨师在酒店事厨。由于菜式不同，两帮厨师互相不服气，相互拆台，工作中经常出现不愉快的事情，有时甚至发现在一种调料里掺入其他调味品，使厨师调不准味，事情闹得不可开交，最后酒店把两位厨师全部解聘。

三、遵守国家法律法规，提倡绿色烹饪

野生动植物资源是人类的共同财富，保护野生动植物资源是人类文明的象征。但野生植物资源的稀缺性、个别人的猎奇心理以及经济利益的驱动等因素常常让一些缺乏职业道德的厨师心动。他们不顾国家法律法规，偷偷烹制野味，图谋个人私利。甚至还有厨师为了降低成本，不惜采用地沟油、劣质原料、过度投放添加剂，制作对人体有害的食物等。

项目四　烹饪职业素养要求

随着餐饮业的发展，现代厨师行业也散发出无比的活力，那么，作为一个现代厨师来说，应当具备一些什么样的职业素养，才能符合市场的发展和定位呢？

任务 1　培养厨艺与厨德意识

一、如何培养厨师优秀的厨德

优秀的厨师必须具备良好的厨德，培养好的厨德才能使厨师走向成功，在行业内有所建树。所以说，厨德是当好一名厨师的根本。如何在方寸灶台上培养好厨德呢？良好的厨德主要包括以下四方面的要素：一是要热爱行业，立足本职。只有热爱烹饪这一行，才可潜心做好这一行，只有立足厨师本职，才会在工作中不断获得喜悦、获得成功。一名厨师从学徒到成功要经历从水杂、解功、配菜、站炉等不同岗位的漫长磨炼，每一岗位的工作都是在为做好一名厨师打基础，每一岗位锻炼的过程都必须立足本职，不怕脏、不怕累、不能急于求成，这是培养厨德的根本。二是要踏实工作、精益求精。做厨师来不得半点虚假，每道菜品都须经过严格的工序，省一道工序，菜品就达不到质量的要求，同时，食客的口味在不断变化，厨师做菜也必须顺应变化，寻求创新。三是要谦虚谨慎，持之以恒。中国烹饪源远流长、博大精深，对每一位从业者来讲都没有止境，不是在大赛上取得了金奖，在行业内被授予了大师称号就可以高枕无忧，停滞不前了，必须持之以恒，做到胜不骄、败不馁。四是要亲和同行，尊重前辈。人民饮食质量的提高，在于烹饪水平的提高，烹饪水平的提高，在于烹饪同行的共同努力，厨师之间相互研讨、相互帮助、相互勉励，才可推动行业的共同进步。同时，我们要认识到大部分菜品的原形都是前辈们创造留下来的，我们的技艺是前辈们经验的积累，所以要尊重前辈，学习前辈，亲和同行。

二、如何培养厨师精湛的厨艺

厨艺是厨师立足的关键。要成为一名优秀的厨师，必须拥有精湛的技艺。比如一名优秀的厨师，不但要精通本帮菜，还必须旁通其他菜系。如何才能拥有精湛的厨艺？一是学艺要从零做起。学艺是一个艰苦的、长期的过程。学海无边，不要半途而废或停滞不前，从最基本、最基础的做起，一步一个脚印，要有一股永不知足的钻劲。特别是现在饮食消费日新月异，顾客消费的多样化，更加要求厨师立足传统，不断创新。厨师学艺要融会贯通，取长补短，博采众长，在理论和实践操作方面全面发展。二是要以博大胸怀传艺，要为烹饪事业发扬光大作贡献，不能将自身的烹饪技艺视为个人财富，要毫无保留地将自我所知传授给热爱本职、热爱行业的学艺者，对一些勤奋好学，有发展前途的学生、徒弟要多培养。

三、厨艺与厨德兼修

厨师的厨艺厨德有其特殊性，即其所制作的菜点是供人吃的，不仅和人民群众息息相关，而且直接关系到消费者的生命安全与身体健康。厨艺高不等于厨德高，厨德高不等于厨艺高，两者不能画等号。在市场经济条件下，加强对厨师的道德教育尤为重要。因为市场经济引发了各种矛盾和多元化的利益之争，导致一些人片面追求个人利益、企业利益和小团体利益而忽视了更广泛的人民利益和国家利益。所以，在要求树立社会主义荣辱观（图 3-2）的新形势下，作为一个厨师，应该厨艺精，厨德高，又有文化修养，达到“德艺双馨”。

图 3-2　社会主义荣辱观

任务 2 提高厨师的社会能力

职业学校培养学生的目标是提高学生的综合职业能力，其中社会能力是综合职业能力的一个方面，一般包括与人的交流与合作的能力；组织与完成任务的能力；独立与责任心等方面的内容。

一、什么是社会能力

社会能力是指适应社会、融入社会的能力。社会能力包括社会技能、情绪情感因素和自我管理三部分。社会技能是指与他人进行积极社会交往的技能。社会技能一般包括交往的技能、倾听的技能、非言语交往技能、辨别和表达自己情感的技能、自我控制技能、识别团体特征的技能等。情绪情感因素是指个体控制与调整自身情感与情绪的能力，这些情感和情绪是由个体以不为社会接受的方式进行活动所产生的。自我管理是指控制和协调自我行为的能力，包括自我教育、自我调整、自我评价和自我强化。自我管理不仅意味着控制自己的行为，对自己的行为负责，还包括通过设计自己的管理行为去实现既定目标的能力。

对烹饪专业的学生来说，在校期间应重点提高的社会能力主要有交往与合作能力、塑造自我形象的能力、自我控制能力、反省能力、抗挫折能力、适应变化能力、收集和处理信息的能力、组织执行任务的能力、推销自我的能力、谈判能力、竞争能力和创新能力等。因为，烹饪专业是劳动密集型的，工作任务需要团队共同完成，所以，社会能力显得非常重要。

二、注重培养学生的社会能力

（一）学生在校期间，要有加强社会能力的意识

中国有句话叫做“笨鸟先飞”。当一个人在某方面能力比较欠缺时，很可能会有意识地朝这方面去加强，这样欠缺的能力也会随之一点一点地变成我们的强项。对于中职学生来说，适应社会、融入社会的能力比较差，那么我们就要甘愿做只“笨鸟”，在自己职业生涯开始以前，珍惜自己的在校生活，有意识、有目标地训练和提高自己适应社会、融入社会的能力。比如我们可以利用寒暑假的时间多参加一些社会活动，以此来增加自己的社会阅历，加强人与人之间的交流与沟通等。这都能加强中职学生社会能力的培养。

（二）学校要适当开展一些社会能力训练课程

每所中职学校可能都比较注重专业课程的传授,当然这对于学习本领、掌握技能的学生来说是必需的,但是只有高超的专业水平、没有各方面综合的社会能力的人很难在社会上立足,即使有了块立足之地估计发展前景也不广阔。所以中职学校对于在校学生要适当开展社会能力训练课,采取多种多样的教育形式,包括角色扮演游戏、创造性游戏、旅行、聚会、会议、各种实践活动等，让学生在学习中、游戏中、快乐中掌握知识、加强能力。

社会能力是我们在现行教育体系中所欠缺的部分,因此,我们应该学习、加强,有条件的话还可借鉴国外的一些培养学生社会能力的经验与建议,全面提高学生社会交往的能力和适应社会的能力,使全面发展的教育要求得到真正落实。

任务3　厨房人员的素质要求

厨房在对岗位选配人员时，首先应考虑各岗位人员的素质要求，即岗位任职条件。选择上岗的员工要能胜任其工作履行其职责，所以，要认真细致地了解员工的基本情况，尽可能照顾员工的意愿，充分发挥其聪明才智，为企业做出更大的贡献。同时，要避免因人设岗、照顾人情关系等不良现象，以免为厨房的生产和管理埋下隐患。

一、总厨师长的素质要求

（1）文化程度　具有普通院校大专以上或同等学力。

（2）专业知识　具备良好的思想品质，严于律己，有较强的事业心，忠于企业，热爱本职工作。有良好的体质和心理素质，对业务精益求精，善于人际沟通，工作原则性强，并能灵活解决实际问题。具有餐饮专业知识，通晓中西餐烹调学、食品营养卫生学，熟知餐饮相关的法律法规和制度，且具有计划、监督、营销、人事、服务、工资、食品成本控制、保养和卫生的知识。

（3）任职经验　有5~10年厨房管理工作经验，熟悉中西餐制作工艺。

知识拓展

加工厨房有的地方又称为中心厨房，其主要任务是保证及时向各烹调厨房提供所需的各种规格加工生产的烹饪原料。主要岗位有择菜、水台、切割、上浆等。

二、部门厨师长的素质要求

（1）文化程度　具有大专以上或同等学力。

（2）专业知识　熟知餐饮业各项法规制度及本部各项规章制度，具有严谨的工作态度和高度的责任感；熟悉不同菜系风味的特点；熟知特色原料、调料的性能、质量要求及加工使用方法；熟悉现代烹饪设备的性能；熟知菜肴的制作工艺、操作关键及成品质量特点；懂得食品营养的搭配组合，掌握食物中毒的预防和食品卫生知识；懂得色彩搭配及食物造型艺术，掌握一定的实用美学知识；了解不同地区客人的风俗习惯、宗教信仰、民族礼仪和饮食禁忌，有一定的语言表达能力；熟知成本核算和控制方法，具有查看和分析有关财务报表的能力；了解原材料的状况和采购计划；有较强的组织协调能力；有创新能力；有培养新人的能力。

（3）任职经验　有5年以上厨房管理工作经验，精通一个菜系、旁通两个以上菜系的制作工艺。

知识拓展

砧板

砧板是菜肴制作过程中非常重要的一个岗位，它在烹调和初加工之间起到承上启下的作用，对原料进行检验，对菜肴进行配伍，对原料进行保管。

三、部门领班的素质要求

（1）文化程度　具有中专以上或同等学力。

（2）专业知识　接受过餐饮烹调的专业培训，懂得成本核算、原料管理。熟知餐饮业的各项法规及部门各项规章制度；有高度的主人翁责任感、严谨的工作态度和良好的人际关系；有一定的组织能力和坦荡的胸怀，对人对事公正无私，不计个人利益。

（3）任职经验　有3年以上厨房工作经验，精通一个菜系以上的制作工艺。

知识拓展

打荷

打荷岗位兴起于粤菜，其职责是协助炒灶烹制菜品。主要工作任务有：协调菜品出菜顺序；对菜肴进行点缀造型；准备好每天的酱料、汤料、汁类；检查原料的规格和质量；与其他岗位协作；做好下班前的各项工作。

四、各岗位厨师的素质要求

（1）文化程度　具有中专以上或同等学力。

（2）专业知识　熟知餐饮业卫生法规，具有较高的职业道德水准，吃苦耐劳，听从指挥，能与同事和平相处，具有较强的敬业精神；具有创新精神。

（3）任职经验　有3年以上的厨房工作经验，精通一个菜系的制作工艺。

知识拓展

上什

上什岗是炒灶最密切的配合者，许多菜式是经过上什岗加工的，它是厨房中技术性较强的重要岗位之一。

五、其他岗位人员的素质要求

（1）文化程度　具有初中以上文化程度。

（2）专业知识　熟悉岗位工种的操作要求，了解餐饮业卫生和厨房各项制度，吃苦耐劳，听从指挥，能与同事和平相处，具有较强的敬业精神。

（3）任职经验　有1年以上厨房工作经验。

模块小结

本模块讲述了烹饪、烹饪职业和烹饪职业素养，重点是培养学生的职业素养，使学生在将来的工作中，成为有较强职业能力的产业能手。

复习与思考

一、填空题

1. 在饮食习惯上我国以“______”而著称，在口味上有“______，______”之别。同时也形成了众多的地方风味。其中最著名的有______、______、______、______四大风味，在我国具有较高的地位。
2. 社会能力包括______、______和______三部分。

二、简答题

1. 什么是烹饪？
2. 什么是中国烹饪的特点？
3. 什么是厨师职业的社会地位和作用？
4. 现代厨师应具备的基本素质是什么？
5. 烹饪职业教育的发展趋势是什么？
6. 厨艺和厨德的关系是什么？
7. 部门厨师长素质要求是什么？

三、论述题

结合自己的实际情况，谈谈如何加强烹饪职业素质培养。写一篇心得体会在班级交流。

模块 4

烹饪专业的职业个性

◎ 知识目标

1. 了解烹饪职业兴趣。
2. 培养学生的职业性格。
3. 提高学生烹饪职业能力。

◎ 能力目标

培养学生的烹饪职业能力。

模块导入

1992年，苍南县一中高三（2）班林延岳同学以苍南县文科状元身份考上了浙江师范大学。因其高考志愿全部选择师范，且在浙师大中成绩最好而进京领取国家师范奖学金。当记者问他为什么选择师范时，他讲了一句令同学们深思的话：因为我从小立志当老师。林延岳为什么能取得这么好的成绩呢？请同学们思考。

项目一 烹饪职业兴趣

每个人都有独特的性格，这就是个性。这种个性决定了人的思维方式和行为准则。可以说，个性左右了人们的志趣所在、职业前程和人际关系。个性构建并影响着我们和他人的生活环境。无论人们是否意识到，在更深的心理层面上，往往是个性导致了人们走到现在这个境界，也导致了人们生活中的各种遭遇和机遇。作为管理者，要善于了解身边不同人才的职业个性，不同的人有不同的专业特长，有的人有一定的美术功底，擅长造型，他适合从事果蔬雕刻；有的人擅长刀工，他适合从事切配或冷拼，只有使每个人扬长避短，把合适的人放在合适的岗位上，才能产生最佳效益，才能使人才与企业实现双赢。

任务 1 职业兴趣

一、职业兴趣

（一）兴趣

兴趣是一个人积极探索某种事物的心理倾向，是人的一种感觉倾向、认知倾向、行为倾向，是人职业的重要引导者。

（二）职业兴趣

职业兴趣是一个人积极探究某种职业或者从事某种职业活动所表现出来的特殊个性倾向，它使人对某种职业给予优先的注意，并具有向往的情感。例如，在伊拉克战争中，各国记者深入伊拉克冒着生命危险做报道，许多记者因此献出了宝贵的生命。中国中央电视台的报道组也冒着战争炮火几进几出巴格达，表现出对自己职业的强烈兴趣和责任。那么，职业兴趣在职业活动中起哪些作用呢？

（三）职业兴趣在职业活动中的作用

第一，职业兴趣影响职业的定向和选择。研究证明，人们的早期兴趣，对未来的职业活动起着准备的作用，许多人日后的职业选择，正是其早期兴趣影响的结果。职业兴趣不仅使人对某种职业具有向往的情感，而且对他的行为产生定向作用，使人据此去选择某种职业，并以从事这种职业为快乐。学习烹饪专业的学生，绝大多数学生在选专业的时候都对烹饪存有浓厚的兴趣，有的是喜欢烹饪职业，在家里也经常做饭；有的看中此专业是朝阳专业，毕业后能有好的工作；还有的是看好烹饪专业是品牌专业，能学习到更多的知识和技能。

第二，职业兴趣能够促进智力开发和潜能的挖掘。一个人如果对某种职业感兴趣，他在学习和工作中就能全神贯注，积极热情，富有创造性地完成工作，即使困难重重也决不灰心丧气，而是想尽办法战胜困难，这样必然能促进智力的开发、潜能的挖掘。

案例链接

职业兴趣的重要性

德国音乐家贝多芬，原来对于音乐的兴趣并不大，但由于父亲的积极引导，才对音乐产生了浓厚的兴趣，经过刻苦努力，终于成为音乐大师。“弃北大读技校”的周浩夺得全国数控技能大赛冠军：周浩以青海省理科前5名的成绩考入北京大学，后来又退学到技师学院学习数控专业。周浩从小喜欢操作机器，北大生命科学的理论课比较多，不太适合他。转学到技校后，他如鱼得水，经过不懈努力，2014年4月周浩通过校内的层层选拔，以优异成绩进入第六届全国数控技能大赛决赛，并在全国811名选手中脱颖而出，拿到了冠军。

第三，职业兴趣能提高工作效率，充分发挥主观能动性。职业兴趣是引起和持续注意的重要内在因素。当一个人对其所从事的工作产生兴趣时，枯燥的工作也会变得丰富多彩、趣味无穷，使人的认识过程和活动过程不再是一种负担。有资料表明，对自己工作有兴趣的人，就能够发挥他全部才能的

80%~90%，并且能较长时间保持高效而不感到疲劳。而对工作缺乏兴趣的人，只能发挥其全部才能的20%~30%，且容易精疲力竭。生活中的事实证明，职业兴趣是职业成功的动力和源泉。

二、职业兴趣的形成与发展阶段

（一）职业兴趣是在家庭、学校、社会的影响下通过职业的接触、了解、认识逐渐形成的

人的成长方方面面都要受到家庭的影响。一是有意识地向子女灌输对某种职业的评价和看法，甚至进行专门技能的培养与训练；二是家庭经济条件、父母及家庭其他成员的文化程度、思想水平、职业等因素形成的家庭氛围和心理状态，对子女产生潜移默化的影响。学校的影响主要来自学校教师的思想品德、兴趣爱好和专业知识，而学校开展的职业指导教育对学生职业兴趣的培养起着重要的促进作用。社会的影响主要是朋友、熟人的职业及关于职业方面的评论，还有社会舆论的导向，都会影响着人的职业兴趣形成。但是，不管家庭、学校、社会这些外在因素的影响有多大，最终还要通过个人对职业的理解与认识，才能形成职业兴趣。

（二）职业兴趣形成、发展主要经历有趣、乐趣、志趣三个阶段

1．有趣

有趣是职业兴趣的初级阶段。这是由于被一时新奇、表面的现象所吸引而产生的兴趣。这种兴趣是短暂的、直观的、盲目的。例如，今天看到歌星在舞台上演出很潇洒，于是觉得自己做一名歌手很不错；明天看到某电视剧中演员的表演很感染人，又能一夜走红，便梦想成为一名演员；后天看了足球赛，又会萌发当一名职业足球运动员的想法。这种兴趣来得快，消失得也快，属于职业兴趣的有趣阶段。

2．乐趣

乐趣是在有趣基础上发展起来的兴趣。这是亲自参与并对某一职业领域有了深入了解或在职业活动中取得了一定的成绩，进而发展到乐趣的水平。这种兴趣具有专一性、自发性和持久性的特点。比如有的人做了环卫工人后，才真正体会到环卫工人是城市的美容师，是社会发展和人民生活不可缺少的职业，从而努力工作，并以做好本职工作为乐趣；烹饪专业的学生，个别学生入学前并不完全了解烹饪专业的特点，而是跟随其他学生盲从，开始学习

后，在学习中取得了成绩，职业兴趣逐步得到发展。这就是职业兴趣发展中的乐趣阶段。

3．志趣

志趣是由乐趣经过实践的锻炼发展而来的，是职业兴趣的高级阶段，它与人的崇高理想和坚强的意志相联系。例如，爱迪生、爱因斯坦、李四光、华罗庚之所以能在科学上有那么大的成就，与他们年轻时就已确定的志趣有关。志趣具有社会性、自觉性和方向性等特点，这是一种高尚的兴趣，对人的工作学习有巨大的推动力。

案例链接

桥梁专家——茅以升

图4-1 茅以升

茅以升（图4-1）是我国建造桥梁的专家。他小时候，家住在南京，离他家不远有条河，叫秦淮河。每年端午节，秦淮河上都要举行龙船比赛。1907年端午节那天，“看热闹的人太多，把河上的那座桥压塌了，好多人掉进了河里!”听了这个不幸的消息，茅以升非常难过。他想：我长大一定要做一个造桥的人，造的大桥结结实实，永远不会倒塌!

从此以后，茅以升特别留心观察各式各样的桥。15岁时，他以优异的成绩考入唐山路矿学堂。五年里，他记录了200本笔记，约900万字，摞在一起足有一人多高。正是这种对桥梁事业的不懈追求，推动着茅以升职业成就的发展，他成为我国杰出的桥梁专家。

三、职业兴趣的培养

现实生活中，我们可以凭兴趣寻找自己喜欢的职业，怎样培养兴趣呢?

首先要认识自己未来要从事职业的社会价值。职业只有分工不同，没有贵贱之分，任何职业都是社会发展所不能缺少的，可以设想一下，我国社会哪个职业是没有意义的呢?

就个人的发展和成就而言，仅有发展方向的不同，不存在高下之分，成功不在于从事哪种职业，而在于是否从事了创造性的劳动。所以，我们要相信“三百六十行，行行出状元”。我们可以看到，科学技术、教育、卫生、商业服务、工业、农业等各个领域、各岗位都有“状元”，社会职业中的任何岗位都大有可为。只要我们自己有干好工作的决心和本领，有百折不挠的执着精神，就能干一行、爱一行、专一行，就可以在平凡的岗位上干出不平凡的事业，从而实现自己的人生价值。烹饪专业的学生毕业后，通过自己的奋斗许多人取得了非凡的成绩。

其次，参加有目的的职业实践学习，体验职业的乐趣。人不是生而知之的，知识、才干和经验都要在工作实践和刻苦学习中获得。学习不仅要从书本上学，而且要在实践中学。通过职业实践活动能深入了解、认识职业的社会价值、特点等，并体验它的乐趣。在烹饪专业课教学活动中，学生有一定的时间在校内的实操间练习，另外，学校还要安排专业实习和顶岗实习，进行有组织、有目的的社会实践。这些都是了解职业、体验职业并从中认识自我、发展职业兴趣的极好机会。

再次，培养广泛而有中心的职业兴趣。现代社会要求人的职业兴趣应是广泛兴趣与中心兴趣相结合。因为广泛的职业兴趣能减少人们在职业选择上受到的限制，在职业有变动时也能较快地适应新的职业。但切忌被动多变，过去的兴趣不断由新兴趣代替，这样将一事无成。中心兴趣能使人专注于自己的本职工作深入钻研，并容易有所发展，成就一番事业。但如果职业兴趣狭窄或只有中心兴趣，也不能适应现代社会对职业兴趣的要求，应扩展自己的兴趣。郑州市商业技师学院为了扩展学生技能面，采取了“一精一通一熟悉”的教学模式，就是让学生在学习好本专业技能的前提下，对相关专业也必须知道和熟悉，这样就可以使学生有更广泛的就业机会。

四、职业兴趣的分类

依据兴趣与职业的关系，把人的兴趣划分为以下十类。

（1）喜欢同工具、器具或数字等事物打交道。

（2）喜欢与人打交道。

（3）喜欢有规律的工作。

（4）喜欢帮助别人。

（5）喜欢从大局着眼。

（6）喜欢研究人的行为、举止和心理状态。

（7）喜欢分析、推理、测试之类的活动。

（8）有想象力和创造力，喜欢挑战和创新。

（9）喜欢运用一定的技术、操纵制造产品或完成其他任务。

（10）喜欢制作能看得见摸得着的产品。

任务 2　烹饪职业对从业者兴趣的要求

不同的职业有不同的职业兴趣要求，职业兴趣一旦形成，就同时具有了一份职业责任，职业兴趣是职业活动成功的动力和重要条件之一。

一、要认识未来要从事的职业的社会价值

厨师以其独特的职业优势，成为国家解决就业问题的一个重要突破口：当前我国餐饮业发展迅猛，成为国民经济发展最快的行业，它有利于建立和完善社会主义市场经济体制；有利于加快经济发展，提高国民经济素质和综合国力；有利于促进经济结构的调整，改善投资环境和社会再生产条件；有利于扩大就业领域和就业人数，活跃城乡经济，缓解就业压力，保证社会和谐；有利于提高人民生活水平，改善生活质量，达到小康标准。

二、提高厨师的专业文化素养

因为中国历史的种种原因，大部分厨师文化水平较低甚至从未读过书，有的甚至连自己的名字都不会写。他们学厨基本上是以师带徒的方式，这在很大程度上制约了烹饪的快速发展。而现代社会飞速前进，对传统烹饪业提出了更高的要求，没有一定文化知识，就无法利用现代媒体，如报纸、杂志、互联网等传播方式快速补充知识，也可以说没有文化知识必将被社会淘汰，这是不争的事实。所以，作为现代厨师不仅要从师傅那里学到技术，还要多学文化知识，使自己成为一个“通才”和“杂家”。只有这样不断学习新的知识，才能不断提高自身的文化素质和竞争力。

三、提高厨师的创新意识和能力

厨师要在哪些方面进行创新呢？主要有两个大的方面：一是观念创新，二是厨艺创新。观念创新是最难的一种，因为旧的操厨观念是经历数千年积累形成的，它有一定的继承性和普遍性，现在已严重影响了我们的创造力和思维的产生，并制约了对新形势的判断能力和接受能力。观念的落后同时也限制了主观能动性的发挥，所以作为现代厨师必须要打破旧的观念，对任何事物都要抱着去粗取精、开拓创新的精神，要与时俱进，否则，必然会被社会和历史淘汰。培养厨师的职业兴趣，永葆进取精神是职业和行业的要求。

项目二　烹饪职业性格

人的性格千差万别，或热情外向，或羞怯内向，或沉着冷静，或火爆急躁。职业心理学的研究表明，不同的职业有不同的性格要求。虽然每个人的性格都不能百分之百地适合某项职业，但却可以根据自己的职业倾向来培养、发展相应的职业性格。不同性格特征的人员，对企业而言，决定了每个员工的工作岗位和工作业绩；对个人而言，决定着自己的事业能否成功。在职业心理中，性格影响着一个人对职业的适应性，一定的性格适于从事一定的职业；同时，不同的职业对人有不同的性格要求。因此，在考虑或选择时，不仅要考虑自己的职业兴趣，还要考虑自己的职业性格特点。

任务 1　职业性格

一、性格

性格是指一个人在对待客观事物的态度和行为方式中所表现出来的比较稳定的个性心理特征。人的性格是千差万别的。心理学家依据不同的标准，把性格分为不同的类型。

二、职业性格

职业性格是人们在长期特定的职业活动中所形成的对职业的态度和行为方式中所表现出来的比较稳定的个性心理特征。

任务 2　职业性格的类型

由于职业之间存在着差异，职业对性格的要求也多种多样。因此，职业性格类型的划分各不相同，而且这种划分也是相对的，在实际生活和工作中具有某种典型职业性格的人只是少数，多数人是综合型的。

（一）变化型

能够在新的或意外的工作情境中感到愉快，喜欢工作内容经常有些变化，在有压力的情况下工作得很出色，追求并且能够适应多样化的工作环境，善于将注意力从一件事转移到另一件事情上去。

（二）重复型

适合并喜欢连续不断地从事同一种工作，喜欢按照一个固定的模式或别人安排好的计划工作，爱好重复的、有规则的、有标准的职业。

（三）服从型

喜欢配合别人或按照别人的指示去办事，愿意让别人对自己的工作负责，不愿意自己担负责任，不愿意自己独立作出决策。

（四）独立型

喜欢计划自己的活动并指导别人的活动，会从独立的、负有责任的工作中获得快感，喜欢对将要发生的事情作出决定。

（五）协作型

会对与人协同工作感到愉快，善于引导别人按客观规律办事，希望自己能得到同事的喜欢。

（六）劝服型

乐于设法使别人同意自己的观点，并能够通过交谈或书面文字达到自己的目的。对别人的反应具有较强的判断能力，并善于影响他人的态度、观点和判断。

（七）机智型

在紧张、危险的情况下能很好地执行任务，在意外的情况下，能够自我控制、镇定自若，工作出色。在出差错时不会惊慌，应变能力强。

（八）自我表现型

喜欢表现自己，通过自己的工作和情感来表达自己的思想。

（九）严谨型

注重细节的精确，愿意在工作过程的各个环节中，按照一套规则、步骤将工作过程做得尽善尽美。工作严格、努力、自觉、认真，保质保量，喜欢看到自己出色完成工作后的效果。

（十）公关型

对周围的人和事物观察得相当透彻，能够洞察现在和将来。随时可以发现事物的深层含义和意义，并能看到他人看不到的事物内在的抽象联系。

任务 3　烹饪职业对从业者职业性格的要求

烹饪从业人员应具备的职业性格要求主要表现在以下几个方面。

（一）积极乐观的工作态度

要成为一名合格的职业厨师，必须拥有对工作的自信。对工作严谨认真并不等于无法从中获得乐趣。每一个经验丰富的主厨都有从紧张刺激的工作中获得乐趣的经验：每当夜幕降临之时，就是最繁忙工作到来之时，厨师们个个埋头苦干，团结协作，后厨演奏着烹饪交响乐。若不投入其中，又怎会感受到那份激情呢？积极乐观的厨师干起活来效率也会提高，而且动作干净、利落、安全。

（二）团结协作的能力

后厨是由多个环节组成的，厨师工作具有明显的集体协作性。一个员工出现问题有可能传递到下一道工序，即使没有传递，下一道工序的修正所花费的时间和成本也远远大于标准操作流程。这就需要员工之间团结协作，能够以大局为重，不计较个人得失，具备良好的合作意识。

（三）不厌其烦，经受磨炼

通常，大部分岗位每天的工作内容都基本一致。有一位受人尊敬的烹饪大师，曾经说过这样的话：只有当您把一道菜做过 1000 遍以后，您才能真正懂得如何做好这道菜。任何东西都不能代替年复一年的实践经验。通过书本和学校学会的烹调原理只是为您提供了一个好的开端，要想成为一名卓有成效的厨师，您就要实践实践再实践。

（四）敢于接受变化和挑战

厨师每天面对着不同的客人，虽然工作的内容大体相同，工作标准也基本一致，但在实际工作中，不同的顾客有不同的需求，甚至同一个顾客的需求和生活习惯也是不断变化的，因此厨师需要根据顾客的需求以及环境的变化，能够较好地调整自己的心态，即使刚刚被顾客投诉过，也要努力地继续工作。

（五）精益求精的质量意识

后厨工作无小事，小事即大事。小事见学问，细微见功夫。好坏食品的区别只有一点：制作质量的差别。有做得好吃的烤鸭，有做得不好吃的烤鸭。因此，不管时间多么紧张，都应该按照操作标准要求，做好每一件工作，不能有半点的马虎。

知识拓展

五常管理法

“五常管理法”是一种新的质量管理方法，它的主要实现形式是以“常清理、常整顿、常清洁、常维持、常自律”的管理方法来把员工的服务质量意识导入日常工作的良好习惯中，为消费者打造一个清洁、卫生、有序、安全、高效、可信的“透明厨房”。

模块小结

本模块讲述了烹饪职业兴趣、烹饪职业性格、职业性格的类型和烹饪职业对从业者职业性格的要求。作为中职学校的学生要培养自己良好的职业性格，才能在将来的择业就业中处于有利的地位。

复习与思考

一、填空题

1. 兴趣，是一个人积极探索某种事物的心理倾向，是人的一种______、______、______，是人职业的重要引导者。
2. 职业兴趣的形成、发展是一个不断从简单到复杂。从模糊到明确、从不完善到完善的过程，他经历了______、______、______三个阶段。

二、简答题

1. 职业兴趣在职业活动中的作用是什么？
2. 怎样培养兴趣？
3. 什么是职业性格？
4. 职业性格的类型有哪些？

三、论述题

想一想今后你从事的职业对从业者的职业性格要求有哪些。

模块 5

烹饪专业就业与创业

◎ 知识目标

1. 了解烹饪职业就业形势，使学生做好职业规划。

2. 能够正确进行顶岗实习和就业。

◎ 能力目标

能够制订自己的职业规划，实现自己的职业理想。

模块导入

进入21世纪以来，中职教育作为我国教育体系中的一个组成部分，为国家培养了大批建设人才，发挥了十分重要的作用，为我国的就业做出了突出贡献。国家对中职教育也给予了大力支持，2010年10月，《国务院关于加强职业培训促进就业的意见》，明确提出了建立职业培训工作新机制，健全面向全体劳动者的职业培训制度。在2011—2020年，我国计划新培养350万名技师和100万名高级技师，使技师和高级技师总量达到1000万人。

项目一　烹饪职业就业形势与就业必备素质

就业是民生之本，是人民群众改善生活的前提和基本途径。在由计划经济体制向社会主义市场经济体制转变的过程中，我国的就业制度和就业机制发生了重大变化，国家改变计划经济体制下统包统配的就业制度，逐步过渡为市场经济条件下的市场就业。实行国家促进就业、市场调节就业和劳动者自主择业的市场就业新机制。

任务 1　烹饪专业就业形势分析

随着我国国民经济稳步发展，人民生活水平日益提高，促进了我国旅游业的蓬勃发展，餐饮行业的专业化、市场化、国际化的特点日趋突显，各类餐饮企业应市而生。而从业人员素质低下及人才紧缺的现状，已成为制约餐饮行业迅猛发展的瓶颈。市场对烹饪高学历的专业技术人才已呈现出供不应求的状况，另外随着人们对健康和营养卫生的重视，营养配餐等职业人才也很紧缺。因此本专业具有广阔的职业发展前景。

一、餐饮行业迅速发展，烹饪专业备受青睐

改革开放至今，餐饮业一直作为中国增长最迅速的行业之一，引领着国内消费市场。我国餐饮业正向现代化、产业化、国际化方向迈进，对餐饮人才需求越来越大。究其原因，一是随着经济的发展，人民生活水平的提高，全国旅游行业发展迅猛，特别是 2008 年奥运会和 2010 年上海世博会之后，全国旅游业呈现快速发展势头。二是随着我国居民消费水平的快速提高，人们追求品牌店、特色店和名牌餐饮企业的势头更加明显，个性化特色经营突出，品牌、特色餐饮深受青睐。市场需求不断提高，餐饮服务形式更趋多样化。休闲餐饮、浪漫餐饮、沙龙餐饮、旅游餐饮、娱乐餐饮、会展餐饮、网

络餐饮、邮递餐饮等新形式的餐饮会更多地进入人们的生活，我国餐饮业的多元化发展、国际化进程将不断加快。三是连锁经营形式快速发展，企业户均规模不断扩大。

可是，面对国内餐饮业良好的发展态势，餐饮业人才状况却发生了变化，空前的“人才荒”成为阻碍餐饮业发展的最大问题。国家餐饮行业调查显示，未来 5 年，中国厨师需求总量 400 多万。据《大洋新闻报道》，广州、深圳年薪 80 万元人民币高级厨师难聘。目前我国厨师总数已逾千万，这样一个庞大的队伍，在我国产业工人中占了一个相当大的比重。但是，相对于 13 亿中国人来说，这个数量还远远不够，在国际上中餐厨师也是缺口最大的行业之一，厨师已经成为很多有志青年高度认可的热门高薪职业。

2010 年本科毕业生毕业后工资调查显示，厨师工资普遍比大学毕业生工资高。一般普通本科生毕业后平均工资在 1500~2500 元。而大部分拥有国家职业资格证书的厨师月薪都在 2000~4000 元，技术精的话薪资还会更高。作为饭店的厨师长、行政总厨，薪资待遇还会更高，年薪数十万，甚至上百万元。另外，厨师提升空间大。厨师长、行政总厨、餐饮经理、餐饮行政总监等都是目前紧缺的人才，也是学厨师的学生一直努力的目标，高薪紧缺的职位，只有在餐饮界才会出现。

二、餐饮企业“微利时代”的到来，使高薪受到影响

当前我国国情表明，微利时代已经来临。电荒、地荒、民工荒以及环保、原材料、政府服务成本的增加，种种迹象表明中国经济正处在一个要素成本急剧上升的阶段，加之企业全球化的竞争日益加剧，导致很多行业的暴利时代终结了。经济领域的转变无疑是整个社会变革的一部分，而每一次社会变革都不可避免地伴随着人们深刻的思想变革。那么，伴随着社会变革，从而影响着经济领域时代变革的思想究竟是什么呢？纵观近些年国内一股股的投资热潮，房地产热、汽车热、手机热、牛奶热……每一股热潮初涌，众企业都是群情激昂、趋之若骛，而当市场日渐成熟、热度退去后，有谁能够全身而退？据中研普华《2012—2016 年中国餐饮行业市场形势分析及投资风险研究报告》显示，2012 年以来，我国餐饮业利润严重下滑，行业增速降至 9 年来最低，面临的形势十分严峻。2012 年 1 至 7 月，全行业平均增幅为 13.1%，比商务部预计“十二五”期间 16% 的增长率下降了 2.9%，下降幅度为 18.1%。

餐饮业利润急剧下滑使行业面临严峻形势。从各行业领军企业的经营数据与往年横向对比来看，行业发展形势非常严峻。大型快餐连锁企业上半年同比增幅维持在 10% 左右，新门店扩张完成计划比例仅为 20%~30%，本土快餐品牌利润不及 8%。正餐企业借助于食品产业和新产品研发的驱动，增速明显放缓，广东地区甚至出现企业因营业不足，费用不减，而无奈关闭门店的现象。火锅企业上半年的翻台率普遍达到历史最低，尽管有企业通过向种养殖业、食品加工等方向转型，但企业的利润率不断下降似乎成为无法改变的势头。从所调查的品牌餐饮企业反映的情况来看，虽然不同企业发展进度、面临问题不一，但从可比口径来看，单店经营的效益放缓成为大势所趋。依靠规模效应实现的企业跨越性增长能否继续复制，需要重新思考。

三、提高素质破解瓶颈，回归正常餐饮新秩序

改革开放至今，我国餐饮业正向现代化、产业化、国际化方向迈进，对餐饮人才需求量越来越大。中国烹饪协会调查报告显示，餐饮企业人才的匮乏成为最大短板，空前的“人才荒”成为阻碍餐饮业发展的最大问题。经初步调查，目前中国餐饮业从业人员近 2000 万人，厨师 700 余万名。目前在酒店餐饮人员结构中，餐厅服务及管理人员占总比例的 52.66%，厨房厨师及管理人员占 47.34%；目前酒店餐饮的从业人员，初中及以下学历约占总人数的 24%，高中学历的约占总人数的 71%，大专学历（包括进修取得的学历）的占总人数的 4.66%，本科学历的占总人数的 0.34%。目前我国酒店大专以上学历占总员工比例平均为 11.2%，餐饮从业人员的学历比平均水平要低 6.2%。据 2011 年中国餐饮业十大发展趋势解析，我国餐饮业从业人员缺口是 20 万人，尤其是高素质技能型人才的缺乏将是我国餐饮业未来的发展制约因素。从以上的统计得知，在现有的餐饮从业人群中，高素质技能人才的严重缺乏已成我国餐饮行业发展的瓶颈。据统计，现全国有 350 万家餐饮网点，为社会提供 1800 万个就业岗位，每年也至少新增岗位 160 万个。

中等职业学校烹饪专业，培养具备与本专业相适应的文化水平和良好的职业道德，掌握本专业基础理论知识和专业技术理论知识与基本工艺技能，具有较高综合素质、较强实践能力，较快适应餐饮企业及相关行业、部门生产、建设、管理、服务等第一线工作需要，富有创新精神的技术应用型专门人才。烹饪专业就业方向，一是餐饮业，例如酒店、宾馆、餐厅、饭堂等。岗位群有楼面服务员和厨房。具体的工作岗位有大厅服务员、包厢服务员、

豪包服务员、楼层经理、传菜员、打荷、烧烤厨师、中点师、西点师、热房领班、夜班厨师、早班厨师、汤锅厨师、扒板厨师、炸锅厨师、冷房领班、冷房厨师、扒房领班、扒房厨师、日料厨师、韩料厨师等。二是自主创业，例如自办小餐厅、烧烤店等。

从反馈信息和实际调查可以看出，餐饮行业人员就业非常容易，但做好做精比较困难，提高从业人员素质势在必行。要求从业人员除了具备相应的专业知识之外，还必须有相应的综合素质。

任务 2　烹饪专业学生就业的必备素质分析

随着社会的发展，顾客对饮食的要求越来越高，改变了过去只求温饱的愿望，发展到今天对饮食营养、饮食文化追求的局面，这样对厨师也有了更高的要求。

一是过硬的知识结构。掌握烹饪工艺与营养专业的基础知识、基本理论和实践技能，掌握各大菜系的基本理论与实践操作技术。

二是较强的能力结构。能操办大中型宴会，并设计宴席菜单和提供技术支持的能力，能创新菜品，具有美食方面的审美和艺术鉴赏能力。

三是适应社会的能力。包括团结协作的能力，勇于创新的能力，独立分析问题和解决问题的能力，厨房管理能力，语言表达能力，学习能力，沟通、社交能力。

四是强大的素质结构。爱岗敬业精神，吃苦耐劳，虚心向学，踏实诚恳，拼搏进取，善于与人合作，坚持不懈，较强的组织与管理能力等。

项目二　烹饪专业学生实习就业准备

我国中等职业教育由“精英教育”步入“大众教育”，中职学生就业也进入到“双向选择、自主择业”的新阶段。自主择业的就业政策为毕业生提供了更多公平竞争和施展才华的机会，同时也使他们承受了比过去更多的心理压力。

任务 1　实习就业的心理准备

中职学生从进入学校到毕业，在不同的学习阶段对就业问题有着不同的思考，其就业心理也在不断地变化，就业前的心理准备、就业后的心理调适表现出不同的特点，具有一定的阶段性。

一、尽快适应角色转换

人的一生，面临着各种不同的角色转换。对中职生来讲，由学生到职业角色的转换，是人生非常关键的一步。角色转换能否顺利进行，直接影响到学生在实习、就业初期的表现。这就需要学生以积极、正确的态度，认识新的角色、扮演新的角色。

有的学生已经参加工作，而在思想上还停留在学校阶段，以学生角色来要求自己和对待工作，以学生的习惯方式观察问题和处理问题。职场毕竟不同于学校，有部分毕业生在实习就业初期经常打电话到就业部门反映工作不习惯，生活不习惯，作息时间不适应，感觉心里有说不出来的郁闷。学生如果调节不好，轻则会影响到工作，重则可能承受不了各种压力而辞职。在角色转换期间，毕业生应牢记“平常心态、求真务实、安心工作、虚心学习、勤于思考、乐于奉献”的方针。

二、先就业后择业、先生存后发展

在就业竞争日趋激烈的大环境下，毕业生应该及时把握就业机会，同时树立先就业后择业的新观念。工作初始阶段的重要任务是学习新知识、新技能，积累工作经验，有了工作岗位才能锻炼能力，能力强了才能更好地发展自己的事业。

三、勇于面向基层、耐得住寂寞

对于中职学生，工作经验一穷二白，应从基层岗位开始锻炼、进行工作和学习。在基层岗位工作，可以更好地熟悉厨房的生产结构、工艺流程、管理制度，掌握基本的技能，为自己以后的发展打下坚实的基础。基层对人才的需求更为迫切，不仅能锻炼人才，更能造就人才，较之高层次的管理机关来说，基层有更大的发展空间和机遇。

四、调整心态，勇于承担工作

学生实习就业的前三个月被称为危险期，主要是因为学生刚踏入社会，在工作、生活等方面遇到坎坷、挫折时，不能及时调整好心态，很容易辞职回家。

学生入职初期会遇到许多问题：社会人际关系复杂，不知如何应对；不适应环境和气候；工作强度比学习强度大；所分配的工作枯燥单调；同事态度冷淡；感觉领导偏心；与就业前的预期差距太大而产生失落感等。这些情况的发生，有的学生就会有打退堂鼓的想法，换工作或打包回家。

五、锻炼意志品质

一个人在事业上能否取得成功，不仅取决于个人的知识、能力，更重要的是能否具有坚定的意志品质。

六、养成良好行为习惯，增强工作责任感

据调查，已毕业的中职生在具体工作岗位上缺乏责任感的主要表现为以下几点。

（一）工作马虎

有些毕业生工作后对待自己的工作不尽心，得过且过，不遵守企业的管理制度。

案例链接

工作马虎的后果

某校一名学生被分配到一所制造类知名企业的质检部门，因为他工作马虎，没有仔细认真地检验某批次的产品，导致企业损失上万元。

（二）工作态度不端正

有些毕业生工作后没有一个认真对待工作的态度，存留一种学生时代的思想，总认为自己刚参加工作，如有错误也是值得原谅的。这是极不可取的想法。

案例链接

工作不认真的后果

某学校的一名中式烹饪班的学生，被分配到苏州某酒店实习。他工作不认真，刚去两天时间，换了三个实习岗位还不满意，实习单位的人力部门与该生的学校联系，把该生退回了学校。

（三）不服从管理

有些学生自以为接受过专业学习，别人都不如自己，所以对别人的管教置之不理。

案例链接

不服从管理的实习生

某校有一名学生在实习的时候被分配到裕达国贸酒店厨房工作，入职后酒店对员工进行过入职培训，其中有一项要求在后厨不得吸烟。这名学生不顾纪律要求，刚入职没有几天在后厨吸烟时被监控发现，被酒店除名。

（四）随心所欲

有些学生得到工作后不知珍惜，随心所欲想干什么就干什么，想怎么做就怎么做，无视企业的管理规定，自由散漫，最终受到处罚。

案例链接

无视企业管理规定的学生

某校有一名面点专业的学生在某饭店顶岗实习，有一天该上班时，她忽然给主管发了一条短信，谎称她老家的爷爷生病了，要请一个星期的假回家，主管让她履行请假手续，这名学生没有按照主管的要求做，而是自作主张去了外地，被其他人控制了人身自由。后来在公安部门的努力下，才被解救出来。

七、主动适应环境

刚刚步入社会的学生都会遇到一个典型的问题：所处的就业环境比在校时想象的要恶劣。这时，是花大量的时间和功夫去改变环境，还是通过改变自己来适应环境呢？答案是很明确的。例如，有一名学生，平时在学校时就不爱和其他同学交往，到实习岗位后，其他同学在业余时间跟着厨师长和领班出去玩。这名同学不会交往，自己感觉很孤单、郁闷，在工作中积极性也受到了影响。应积极调整心态，主动适应新的工作环境。

任务 2　实习就业的心理调适

良好的就业心理是中职生顺利就业的必要条件。有了良好的就业心理，才能主动去了解社会，才能学会正确对待社会中各种消极现象，才能摆正自己在社会中的位置，才能把自己的技能用于社会并创造财富。所以中职生应当学会调适自己的心理状态，使自己能够叩开满意的职业大门。

一、把握自我心理调适方法

（一）自我激励法

自我激励法主要是指用生活中的哲理、榜样的事迹或明智的思想观念来激励自己，同各种不良情绪进行斗争，坚信未来是美好的。即使遇到意外事件或者受挫，也要鼓励自己不要惊慌失措，而要开动脑筋，冷静思考，寻找对策。中职生在就业过程中，要相信自己的实力，同时自我激励，增强信心，消除自卑感，保持良好的情绪和心态。

（二）倾诉宣泄法

当遇到不愉快的事时，不要自己生闷气，把不良心境压抑在内心，而应当学会倾诉。可向要好的同事、朋友当面诉说，甚至大哭一场，在倾诉的过程中，可以获得更多的情感支持和理解，获得认识和解决问题的新思路，增强克服困难的信心。尽情地宣泄不良情绪，从而让神经脉络畅通无阻，达到心理保健的目的。

（三）适当转移法

当不良情绪不易控制时，可以采用迂回的办法，把情感和精力转移到其他活动中去，如学习新知识、新技能，参加有兴趣的活动等，使自己没有时间沉浸在不良情绪中，以求得心理平衡，保护自己。

（四）自我安慰法

自我安慰法又称自我慰藉法，关键是自我忍耐。人不可能事事顺心，就业中遇到困难和挫折，自己尽了最大努力仍无法改变时，可以说服自己适当让步，不必苛求，找一个自己可以接受的理由以保持内心的安宁，承认并接受现实，以求解脱。

（五）幽默调节法

从心理学角度看，幽默是一种心理防御机制，它是人们处于困难境地时，达到心理上的平衡，自我解脱的一种方法。在学习和工作中，有些事情虽说是不通情理却又实实在在地发生了，与其气愤、烦恼、怨天尤人，还不如通过幽默调节，一笑了之，保持良好乐观的情绪，从而振奋精神、坚定信念、克服困难。

（六）合理情绪法

合理情绪法认为，人们的情绪困扰是由于不正确的认知即非理性的观念所造成的。因此，通过认知纠正，以合理的思维方式代替不合理的思维方式，就可以最大限度地减少不合理的信念给人们情绪带来的不良影响。有的学生就业不顺利就怨天尤人，认为用人单位提供的岗位少，用人单位要求太高，其原因就在于他只从客观上找原因。由于这些不正确的认知，造成了他的不良情绪。所以，如果能改变这些不合理的观念，调整认知结构，不良情绪就能得到克服。

（七）社会比较法

人不可能脱离社会而存在。实习生要正确地自我定位，不妨与社会上其他人，特别是与自己条件类似的人比较一下，也可以寻找一个客观的参照系，通过别人的态度以及自己参加社会活动结果的分析来评价和认识自己。如果一个人的自我评价与所获得的各种比较信息基本一致,那么他的自我认识就比较客观。

（八）轻松练习法

轻松练习法是一种通过练习学会在心理和躯体上放松的方法，常用的有肌肉松弛训练、意念放松训练等放松训练方法。放松练习可以帮助人减轻和消除各种不良身心反映，如焦虑、恐惧、紧张、失眠等症状。

当然，自我调适的方法还有很多，如环境调解法、广交朋友法、自我暗示法、兴奋中心转移法等，但主要的还是树立正确的人生观、价值观。平时注意培养良好的品质，磨练坚强的意志，多方面接触社会，多方面体验生活，培养乐观豁达的生活态度。只有这样，才能在就业时始终保持积极向上的精神状态和健康的心理。

二、心理调适的途径

（一）主动向师长请教

一个人的视野、思维、控制能力是有限的，对自我的审视也带有主观色彩，一旦出现心理失衡的情况，单靠个人的力量和智慧不一定能全部解决，这时获得他人的帮助和指导是十分必要的。主动找师长请教就是一种有效的途径。

现在有相当多的学生不愿和家长和老师多交流，他们在遇到挫折和问题时，往往在同龄人中寻求帮助，虽然能从同龄人那里获得同情和理解，但由于同龄人也缺乏深刻的社会生活经验和工作经历，主观认识多于实际感受，不能针对就业中出现的问题提出行之有效的校正措施，对于挫折和失败，很难较快地从中找出原因。所以，主动找师长谈心是弥补这些不足的有效方法。

（二）从友情和亲情中获取力量

亲情是人生感情体验的第一环境，人从一生下来，就需要亲情，特别是来自父母的关爱和鼓励。对孩子来说，亲情是一份强大的精神力量。父母的挚爱和庇护往往会使孩子产生面对生活的信心和在世界上奋斗的勇气。

学生群体生活的经验及青年人对友情的信赖，使学生强烈地追求友情，友情给予学生之间的尊重、平等和信任是他们成长过程中不可缺少的心理需要。在友情中，学生自己能得到在亲情中缺少的感情共鸣。在就业过程中，他们遭遇了复杂的人生体验，有许多不适应和不安全感，这时如果及时向同学朋友倾诉，在双方的交流中得到心理平衡和心灵慰藉，避免内心孤独感、失落感的产生，也是友情在就业时发挥的主要作用。

任务 3　烹饪专业学生就业准备

对于即将面临就业的烹饪专业的学生，需要做一些准备工作，为今后的工作和学习创造良好的条件，比如，考取烹饪专业相关的职业资格证书、制作个人简历、书写自荐信、了解劳动合同的签订等内容。

一、考取相关职业资格证书

职业资格证书是学生职业能力的象征，国家目前高度重视此项工作，因此，学生考取职业资格证书可以为今后的工作创造必要的条件。烹饪专业的职业资格证书分三类：包括中式烹饪、西式烹饪、中西式面点。学生在学校可以考取的有中级烹调师、高级烹调师、中级西式烹调师、高级西式烹调师、中级面点师、高级面点师。

二、制作个人简历

（一）个人简历的制作内容

个人简历是求职材料中很重要的一部分，一般而言，个人简历应该设计成一张 A4 纸，格式可以参照网页上的模板，所填写内容一定要真实、准确。个人简历一般应该包括以下几个部分。

（1）个人资料　姓名、联系地址（包括邮编）、联系电话（最好是手机号码）、E-mail（不要用滑稽昵称）、性别、出生年月、年龄、籍贯、户籍、民族、身高、视力、政治面貌等。

（2）教育背景　一般采用倒序，先写现在，再写以前的。

（3）实践活动　用人单位比较看重你在课余参加过哪些活动，因为从中可以判断你的实际工作能力、社会阅历、社会经验。

实践活动包括实习、社会实践、志愿者工作、学生会工作、团委工作、社团等活动。要写明实践单位、工作职责或具体职务、运用的技能、业绩、收获（成果、成就和贡献）。要简明扼要、突出重点，不宜过细，重点是成果、成就和贡献。根据用人单位的岗位设置、要求，来突出自己的特点。如果有多项活动，建议和教育背景的表述一样，采取倒序，即先写最近的，再写从前的。

（4）技能与特长

技能证书：外语、计算机或其他资格证书。

专业能力：在学校学习时对技能的掌握程度。

不宜使用“初学”“一般”等表达含糊的词语。

（5）奖励和荣誉　可以按照时间顺序排列，采用倒序。

（6）兴趣爱好　可以展示你的品德、修养、社交能力、与人合作能力。尽量与应聘职位所需技能有关，否则反而会弄巧成拙。

（7）在校期间学习成绩　在一些单位来看，学习成绩也是他们招聘学生比较看重的一方面。因此，提供一份详细的成绩单是很有必要的。

（8）获奖证书复印件　获得的各种奖励及荣誉证书的原件一定要注意

保存。在附复印件的同时，最好同时带上原件，以备查询。

（二）个人简历制作技巧

（1）要仔细检查已成文的个人简历，绝对不能出现错别字、语法和标点符号方面的低级错误。最好让文笔好的朋友帮你审查一遍，因为别人比你自己更容易检查出错误。

（2）个人简历最好用 A4 标准复印纸打印，字体最好采用常用的宋体或楷体，尽量不要用花里胡哨的艺术字体和彩色字，排版要简洁明快，切忌标新立异，排得像广告一样。当然，如果你应聘的是排版工作则是例外。

（3）要记住你的个人简历必须突出重点，它不是你的个人自传，与你申请的工作无关的事情要尽量不写，而对你申请的工作有意义的经历和经验绝不能漏掉。

（4）要保证你的简历会使招聘者在 30 秒之内，即可判断出你的价值，并且决定是否聘用你。

（5）你的个人简历越短越好，因为招聘人没有时间或者不愿意花太多的时间阅读一篇冗长空洞的个人简历。最好在一页纸之内完成，一般不要超过两页。

（6）要切记不要仅仅寄你的个人简历给你应聘的公司，附上一封简短的应聘信，会使公司增加对你的好感。

（7）要尽量提供个人简历中提到的业绩和能力的证明资料，并作为附件附在个人简历的后面。一定要记住是复印件，千万不要寄原件给招聘单位，以防丢失。

（8）一定要用积极的语言，切忌用缺乏自信和消极的语言写你的个人简历。最好的方法是在你心情好的时候编写你的个人简历。

（9）不能凭空编造你的经历，说谎永远是卑鄙的，没有哪个公司会喜欢说谎的员工，但也没有必要写出所有你真实的经历。对你求职不利的经历你可忽略不写。

（10）要组织好个人简历的结构，不能在一个个人简历中出现重复的内容。让人感到你的个人简历条理清楚，结构严谨是很重要的。

（11）最好用第三人称写你的个人简历，不要在个人简历中出现“我”的字样。

三、自荐信的书写

求职自荐信是毕业生向用人单位自我推荐的书面材料，是毕业生所有求职材料中关键的文件，其写作质量直接关系到毕业生择业的成功与否。因此，自荐信被称为毕业生求职的“敲门砖”。

自荐信的重点在于“荐”，在构思上一定要围绕“为何荐”“凭何荐”“怎么荐”的思路安排，其格式一般分为标题、称呼、正文、附件和落款五部分。

（一）标题

标题是自荐信的标志和称谓，要求醒目、简洁、庄雅。要用较大字体在用纸上方标注“自荐信”三个字，显得大方、美观。

（二）称呼

这是对主送单位或收件人的呼语。如用人单位明确，可直接写上单位名称，领导前用“尊敬的”加以修饰，后以领导职务或统称“领导”落笔，如单位不明确，则用统称“尊敬的贵单位（公司或学校）领导”领起，最好不要直接冠以最高领导职务，这样容易引起第一读者的反感，反而难达目的。

（三）正文

正文是自荐信的核心，开语应表示向对方的问候致意。主体部分一般包括简介、自荐目的、条件展示、愿望决心和结语五项内容。

简介是自我概要的说明，包括自荐人姓名、性别、民族、年龄、籍贯、政治面貌、文化程度、校系专业、家庭住址、任职情况等要素，要针对自荐目的作简单说明，无须冗长繁琐。

自荐目的要写清信息来源、求职意向、承担工作目标等项目，要写得明确具体、但要把握分寸、简明扼要，既不能要求过高又不能模棱两可，给人以自负或自卑的不良印象。

条件展示是自荐信的关键内容，主要应写清自己的才能和特长。要针对所求工作的应知应会去写，充分展示求职的条件，从基本条件和特殊条件两个方面解决凭什么求的问题。基本条件应写清政治表现和学习活动两方面内容。政治表现要从活动和绩效方面写实，如党校学习、参加活动、敬业态度、奉献精神、合作意识等方面，并佐以获奖和资格证书。愿望决心部分要表示加盟对方组织的热切愿望，展望单位的美好前景，期望得到认可和接纳，自然恳切，不卑不亢。结语一般在正文之后按书信格式写上祝语或“此致，敬礼”“恭候佳音”之类语名。

（四）附件

自荐信附件主要包括个人简历、证书及文章复印件，需要附录说明的材料，也可作为附件一一列出。

（五）落款

落款处要写上“自荐人 × × ×”的字样，并标注规范体公元纪年和月日。随文处要说明回函的联系方式、邮政编码、地址、信箱号、电话号码等。署名处如打印复印件则要留下空白，由求职人亲自签名，以示郑重和敬意。

自荐信写作虽有一定的自由度，但务必要注意文明礼貌，诚朴雅致，特别要注意突出才艺与专长的个体特征，注意展现经验、业绩和成果，精心设计装帧，讲求格式美观雅致，追求庄重秀美，使其像一只报春的轻燕，为你带来佳音。

案例链接

自荐信

尊敬的领导：

您好！

首先真诚地感谢您在百忙之中浏览我的自荐信，这对一个即将迈出校门的学子而言，将是一份莫大的鼓励。这是一份简单而又朴实的自荐信。也许它的普通没深深地吸住您的眼光，但它却蕴涵着一颗真诚的心。为此，我诚心恳求您能阅读这份普通的心。

我叫XXX，来自xx市xx县，是xx技师学院中式烹饪专业毕业生。今天我是怀着平静而又激动的心情呈上这份自荐书的。之所以平静，我的知识和能力不会让你们失望，将无愧于您的选择;之所以激动，我决定以无悔的青春走到你们中间，实现共同的辉煌。在这里，我不能向您出示任何有权威人士的推荐书来为我谋得职业，也拿不出一摞摞的获奖证书来作为我的筹码，而只能凭自己十几年来刻苦学习的结果和吃苦耐劳的本性来作为我的奠基石，如果说我有什么优点的话，那就是我年轻，年轻就是我的资本。

我是一个农民的孩子，血管里流着的是泥土的芳醇和农民的憨厚，我的长辈教会了我坚韧不拔的处事准则和方法，家庭的贫困、父母的期望、社会的竞争是我学习的动力。我十分珍惜技校三年的学习。在校的三年里，我认真学习，勤奋刻苦，从各门课程的基础知识出发，努力掌握其基本技能技巧，深钻细研，寻求其内在规律。一个人只有把聪明才智应用到实际上工作中去，服务于社会，有利于社会，让效益和效率来证明自己，才能真正体现自己的自身价值！我坚信，路是一步一步走出来的。只有脚踏实地，努力工作，才能做出更出色的成绩！

“器必试而先知其利钝，马必骑而后知其良驽。”我深信：只要我找到一个支点，就能撬起整个地球，只要给我一片土壤，我会用年轻的生命去耕耘，您不仅能看到我的成功，而且能够收获整个秋天。这就是我的自信和能力的承诺。

剑鸣厘中，期之以声。热切期望我这拳拳寸草心、浓浓赤诚情能与您同呼吸、共命运、同发展、求进步。请各位领导给我一个机会，我会用行动来证明自己。

最后，衷心祝愿贵公司事业发达、蒸蒸日上。

此致

敬礼

自荐人：________

20_____年_____月_____日

项目三 就业与创业指导

近年来，中职毕业生的高就业率一直是社会关注的热点，但其就业的不稳定性、就业质量不高也是不争的事实。究其原因，主要是中职生在专业选择、就业定位和未来发展等方面普遍存在着较大的盲目性，很多学生对自己的未来职业缺少规划，不知道将来该做什么，要做什么。由此可见，做好职业生涯规划是十分重要的。那么，中职毕业生该如何做好自己的职业生涯规划呢?

任务 1 制定职业规划

职业生涯规划是指通过个人和组织相结合，对个人职业生涯的主客观条件进行测定、分析、总结、研究，尤其是对其兴趣、爱好、个性、能力、价值观、特长、经历以及存在的不足等各方面进行综合分析的基础上，确定其最佳的职业奋斗目标，并为实现这一目标做出行之有效的安排。

一、全面了解自我

在职业生涯规划的过程中，中职学生应该从职业需要的角度去分析自我，明确自己适合干什么，能干什么，只有在认识了自我个性、自身条件的情况下，才能对自己有一个准确的定位。就如个子矮的人不能成为杰出的跳高运动员，即使弹跳力好也于事无补，而个子太高的人当举重运动员一定会吃亏。

在分析自我的过程中，既不可高估自己，觉得自己有多么了不起，又不能妄自菲薄，觉得自己样样都不如人。要客观地认识自身条件，了解自己的优势和不足，这样才能使自己理性地面对纷繁复杂的职场，规划好自己的职业生涯。

在了解自身条件的基础上，中职生还应该了解自己所处的环境变化的趋势。个人所处的家庭以及所生活的地区，提供个人发展的机会是不同的。例如，有的学生家庭条件好，自己毕业后想继续深造，他可以按照自己的想法去做。有的学生家庭比较困难，可自己又想毕业后继续升学，继续上学是不允许的了，那么在规划职业时，可以先选择就业，后再去学习，也可以一边就业，一边求学，完成自己继续学习的愿望。

总之，充分认识自己，对将来的职业选择起着至关重要的作用。

二、确定职业目标

中职生在完成了自我认识后，接下来的任务就是给自己一个合理的定位——确定职业目标。只有确定了职业目标，才能理性地去选择职业。

当前中职生中存在着这样一些心理,他们认为找工作是学校和家长的事，觉得中职生找不到什么好工作，因而，学校推荐的工作即使不满意也只能接受。在这种心态的支配下，职业目标怎能去确定呢?

那么怎样确定自己的职业目标呢? 职业目标的确定，既不能定得太高，太高了，工作找不到；也不能定得太低，太低，又觉得无法展现自己的能力。

确定职业目标要看社会经济发展的实际需要，个人所处的就业环境，看这个职业对从业者素质的要求。因此，中职生要知道国家经济发展的大趋势，了解本地区的经济特色和未来发展趋势，尽可能利用区域的经济发展机遇，了解市场需要什么人才、当地有什么资源可以利用、哪些人际关系资源有助于实现职业理想等，必须做好准备，待机而动。

只有“知己”——全面了解自我，“知彼”——了解就业环境和职业需求，才能选择目标，确定目标。

三、规划发展目标

职业理想既应该有远期的目标，也应该有近期的具体目标。列宁说过：“要向大的目标走去，就得从小的目标开始。”远期的目标，不可能一蹴而就，需要努力攀登一个个的阶梯，才能到达理想的顶峰。因此，职业生涯规划中要有一个个具体的阶段目标。

对于中职生来说，除了科学合理地规划职业生涯发展的远期目标外，更应该关注阶段性目标。古人说：“千里之行，始于足下”，只有从具体的一个个阶段目标出发，才能一步一个脚印地前进。因此，制定阶段目标时需要注意以下几点。

（一）目标必须是“跳一跳”才能获得

“跳一跳”，即必须为之付出努力、必须为之拼搏，目标不是轻而易举能达到的。

中职生在制定阶段目标时，不能把目标定得太高，太高了，经过努力拼搏完成不了，就会有挫败感，容易产生悲观情绪，失去信心，从而放弃目标。阶段目标也不能定得太低，太低了，目标是容易达到，可太容易得到的东西就不会珍惜，也不知道珍惜。因此，中职生在制定阶段目标时，要从“跳一跳”就能达到的目标开始。

（二）目标要切合实际

阶段目标通过努力能达到，可望又可即，不能脱离自身条件，不能脱离社会现实。

天上的彩虹很美，如果让我们把它摘下来，这是不可能实现的。制定阶段目标，不能把某种不切实际的欲望当作要付诸行动的目标。否则，这样的目标必定指向失败。

中职生在制定阶段目标时，要根据阶段目标对职业能力、思想品质、日常行为习惯等方面的要求，制定与自身兴趣、性格、能力等个性特点相匹配的目标。脱离自身条件，脱离社会现实的目标是不可能达到的。

（三）目标要具体、明确

阶段目标要十分具体，不仅要表明需完成的任务、所能达到的状态，还要列出措施，并保证措施明确、得当、有可操作性，切忌空洞、不着边际。

中职生在制定阶段目标时，要有比较明确的时限，或者三五年，或者一两年，如果没有具体明确的要求，就等于没有目标。只有具体、明确并有时限的目标才具有行动指导，才会有激励的价值。

阶段目标是实现职业理想的重要保证，而各阶段目标之间的关系应该是阶梯形的，前一个目标是后一个目标的基础，后一个目标是前一个目标的方向，所有的阶段目标都指向远期目标。

四、不断调整目标

要使职业生涯规划行之有效，就应该对职业生涯规划的具体内容和计划的实施情况进行定期检查，及时发现各种情况的变化，不断地进行自我反省，从而修正职业生涯目标，改进职业生涯策略，更好地实现自己的职业理想。

中职生要实现自己的职业理想，在进行职业生涯规划时，必须与时俱进，在不断学习提高的同时，还要根据职业发展的动态，适当调整职业发展方向。三百六十行，行行出状元，只要有科学合理、合身的职业生涯规划，相信中职生一定能获得成功。

任务 2　树立创业意识

创业有两层含义：日常生活中把创业理解为自己当老板，即由个人或若干人联合创办企业并掌握所有权；从广义上看，创业是创建基础、开拓业绩，通过开拓性的思维、创造性的劳动建树立业。

一、创业是职业生涯迈向新高峰的标志

（一）创业是对自身发展的挑战

创业可以让创业者体验到生命的价值、生命的真谛，是职业生涯迈向新高峰的标志。创立基业、开阔业绩，通过开拓的思维、创造性的劳动建树立业的途径是多种多样的。有的人致力于社会进步和人类发展，把自己的价值同追求整个社会的进步结合起来；有的人在自己的岗位上拼搏向上，追求事业有成、岗位晋升，成为报效祖国、积极进取、诚实守信、敬业乐群，具有社会责任感和创业精神的高素质的劳动者；有的人进行发明创造，把自己的价值同人类的科技进步联系起来；有的人倾心于创办自己的企业，更注重通过自己财富的积累和企业的发展来实现人生价值……

一个人在成年之后不仅要实现人生价值，为社会做出贡献，而且还要负担起组建家庭、养育子女、赡仰老人的责任。一个人对社会的贡献

越大，他的人生价值就越高。一个人饱食终日无所用心，永远感受不到生存的价值。

（二）在创业过程中实现职业生涯质的飞跃

创业是职业生涯的重大转折，是职业生涯发展过程中一次质的飞跃。这种飞跃不但是在向社会、向自然挑战的过程中得到的，也是在向自己挑战的过程中得到的。创业像一位未来的朋友，既存在，又不一定在眼前，与其结识不乏机缘，更需要自我的设计和自我的奋斗。创业的过程是学习、摸索、发展的过程，是锻炼、提升自我的过程，在创业过程中，个人的阅历和经验越来越丰富，能力越来越高，知识越来越渊博。

创业是挖掘潜能的最佳途径。潜能是隐藏、潜在的能力，是自己还没有发现或表现出来的能力。自我怀疑、自我贬低的自卑心理，阻碍了其潜能的发挥，当你怀有创业之志并在创业准备、创业过程中为之付出的时候，潜能就会得到显示、得到发挥、得到提高。

二、创办自己的企业需要付出更多的努力

随着我国市场经济体制的不断完善，为越来越多的人成为企业家创造了条件。现在，有越来越多的青年人，把创办企业、成为企业家，成为人生的奋斗目标。

创办自己的企业是就业的方式之一，和其他就业一样，人们为此获得报酬，实现人生价值，并服务社会。但其根本的区别在于创业是成为企业真正的支配者、所有者，而这种支配权不是来自“上级”任免，而是来自于自己积累的财富。把别人支配自己变成自己支配自己，甚至自己支配别人，需要本人承担更多的责任，也需要面对支配权、所有权带来的风险。

作为餐饮行业来说，开店的难度相对较低，风险较小，学生经过社会锻炼积累一定的管理经验和技术经验后，个人创业比较容易。但是有意愿的中职生，也不可贸然行事，要为创业做好充分的准备之后再付诸行动，以避免难以挽回的损失。对于多数涉世不深的中职生而言，先就业、后创业作为自己的奋斗目标，通过在校期间的努力和其他就业方式，搭建实现这一目标的台阶，踏踏实实走好每一步，是比较现实的选择。

任务3 自主创业准备

在战场上军人不打无准备之仗。在创业过程中，创业者也要做好以下准备。

一、良好的身体素质

作为企业的创办者和经营管理者，必须有一个健康的身体。因为创业的道路不可能一帆风顺，各种挫折不仅会对精神产生压力，同时也会对身体产生压力。作为一名企业的创办者，其工作往往不能完全按照所计划的时间进行，企业因某些生产经营问题没能解决或出现临时突发的问题，都会打乱原工作计划，高强度的工作和延长工作时间，这都是很常见的事情。要能够适应这种工作和生活，就必须有一个健康良好的身体，以保证在任何情况下都有充沛的精力来完成工作任务。

二、必备的基础知识

作为企业的创办者和管理者必须具有基本文化知识，即能够进行必要的读、写、算、说。当今科学技术和管理知识日新月异地发展，作为一个企业的经营管理者要有求知好学的精神，通过不断的学习来吸收新的知识和信息，使自己眼界开阔、思考面广、决断正确。

三、健康的人格

健康的人格是对于一个人成长非常有用的非智力因素。首先，创业必须具有积极向上、勇于开拓的精神；其次，要有不屈不挠、坚韧顽强的毅力；第三，要能够融入社会，善于与人协作。这三点对于任何事业的成功都非常重要。而对于企业的创办者来说，在创业过程中不可预测的风险和困难实在太多，创业之路不是坦途，若创业者没有开拓的精神和坚强的意志，是不可能取得成功的。

模块小结

本模块讲述了烹饪专业学生的就业与创业，分析了当前餐饮市场的状况，学生实习就业的各项准备以及学生创业指导等内容，可以使学生更好地了解社会，明确自己的努力方向，在市场竞争中立于不败之地。

复习与思考

一、简答题

1. 学生就业应做哪些心理准备？
2. 自我心理调适的方法有哪些？
3. 怎样写自荐信？自己写一篇自荐信。
4. 在创业过程中，创业者应该怎样做准备？

二、论述题

根据本人的实际情况制定一份个人职业规划。

附录　中华人民共和国劳动法

1994年7月5日第八届全国人民代表大会常务委员会第八次会议通过
1994年 7 月 5 日中华人民共和国主席令第二十八号公布
自1995年1月1日起施行

第一章　总则

第一条　为了保护劳动者的合法权益，调整劳动关系，建立和维护适应社会主义市场经济的劳动制度，促进经济发展和社会进步，根据宪法，制定本法。

第二条　在中华人民共和国境内的企业、个体经济组织（以下统称用人单位）和与之形成劳动关系的劳动者，适用本法。

国家机关、事业组织、社会团体和与之建立劳动合同关系的劳动者，依照本法执行。

第三条　劳动者享有平等就业和选择职业的权利、取得劳动报酬的权利、休息休假的权利、获得劳动安全卫生保护的权利、接受职业技能培训的权利、享受社会保险和福利的权利、提请劳动争议处理的权利以及法律规定的其他劳动权利。

劳动者应当完成劳动任务，提高职业技能，执行劳动安全卫生规程，遵守劳动纪律和职业道德。

第四条　用人单位应当依法建立和完善规章制度，保障劳动者享有劳动权利和履行劳动义务。

第五条　国家采取各种措施，促进劳动就业，发展职业教育，制定劳动标准，调节社会收入，完善社会保险，协调劳动关系，逐步提高劳动者的生活水平。

第六条　国家提倡劳动者参加社会义务劳动，开展劳动竞赛和合理化建议活动，鼓励和保护劳动者进行科学研究、技术革新和发明创造，表彰和奖励劳动模范和先进工作者。

第七条　劳动者有权依法参加和组织工会。

工会代表和维护劳动者的合法权益，依法独立自主地开展活动。

第八条　劳动者依照法律规定，通过职工大会、职工代表大会或者其他形式，参与民主管理或者就保护劳动者合法权益与用人单位进行平等协商。

第九条　国务院劳动行政部门主管全国劳动工作。

县级以上地方人民政府劳动行政部门主管本行政区域内的劳动工作。

第二章　促进就业

第十条　国家通过促进经济和社会发展，创造就业条件，扩大就业机会。

国家鼓励企业、事业组织、社会团体在法律、行政法规规定的范围内兴办产业或者拓展经营，增加就业。

国家支持劳动者自愿组织起来就业和从事个体经营实现就业。

第十一条　地方各级人民政府应当采取措施，发展多种类型的职业介绍机构，提供就业服务。

第十二条　劳动者就业，不因民族、种族、性别、宗教信仰不同而受歧视。

第十三条　妇女享有与男子平等的就业权利。在录用职工时，除国家规定的不适合妇女的工种或者岗位外，不得以性别为由拒绝录用妇女或者提高对妇女的录用标准。

第十四条　残疾人、少数民族人员、退出现役的军人的就业，法律、法规有特别规定的，从其规定。

第十五条　禁止用人单位招用未满十六周岁的未成年人。

文艺、体育和特种工艺单位招用未满十六周岁的未成年人，必须依照国家有关规定，履行审批手续，并保障其接受义务教育的权利。

第三章　劳动合同和集体合同

第十六条　劳动合同是劳动者与用人单位确立劳动关系、明确双方权利和义务的协议。

建立劳动关系应当订立劳动合同。

第十七条　订立和变更劳动合同，应当遵循平等自愿、协商一致的原则，不得违反法律、行政法规的规定。

劳动合同依法订立即具有法律约束力，当事人必须履行劳动合同规定的义务。

第十八条　下列劳动合同无效：

（一）违反法律、行政法规的劳动合同；

（二）采取欺诈、威胁等手段订立的劳动合同。

无效的劳动合同，从订立的时候起，就没有法律约束力。确认劳动合同部分无效的，如果不影响其余部分的效力，其余部分仍然有效。

劳动合同的无效，由劳动争议仲裁委员会或者人民法院确认。

第十九条　劳动合同应当以书面形式订立，并具备以下条款：

（一）劳动合同期限；

（二）工作内容；

（三）劳动保护和劳动条件；

（四）劳动报酬；

（五）劳动纪律；

（六）劳动合同终止的条件；

（七）违反劳动合同的责任。

劳动合同除前款规定的必备条款外，当事人可以协商约定其他内容。

第二十条　劳动合同的期限分为有固定期限、无固定期限和以完成一定的工作为期限。

劳动者在同一用人单位连续工作满十年以上，当事人双方同意续延劳动合同的，如果劳动者提出订立无固定期限的劳动合同，应当订立无固定期限的劳动合同。

第二十一条　劳动合同可以约定试用期。试用期最长不得超过六个月。

第二十二条　劳动合同当事人可以在劳动合同中约定保守用人单位商业秘密的有关事项。

第二十三条　劳动合同期满或者当事人约定的劳动合同终止条件出现，劳动合同即行终止。

第二十四条　经劳动合同当事人协商一致，劳动合同可以解除。

第二十五条　劳动者有下列情形之一的，用人单位可以解除劳动合同：

（一）在试用期间被证明不符合录用条件的；

（二）严重违反劳动纪律或者用人单位规章制度的；

（三）严重失职，营私舞弊，对用人单位利益造成重大损害的；

（四）被依法追究刑事责任的。

第二十六条　有下列情形之一的，用人单位可以解除劳动合同，但是应当提前三十日以书面形式通知劳动者本人：

（一）劳动者患病或者非因工负伤，医疗期满后，不能从事原工作也不能从事由用人单位另行安排的工作的；

（二）劳动者不能胜任工作，经过培训或者调整工作岗位，仍不能胜任工作的；

（三）劳动合同订立时所依据的客观情况发生重大变化，致使原劳动合同无法履行，经当事人协商不能就变更劳动合同达成协议的。

第二十七条　用人单位濒临破产进行法定整顿期间或者生产经营状况发生严重困难，确需裁减人员的，应当提前三十日向工会或者全体职工说明情况，听取工会或者职工的意见，经向劳动行政部门报告后，可以裁减人员。

用人单位依据本条规定裁减人员，在六个月内录用人员的，应当优先录用被裁减的人员。

第二十八条　用人单位依据本法第二十四条、第二十六条、第二十七条的规定解除劳动合同的，应当依照国家有关规定给予经济补偿。

第二十九条　劳动者有下列情形之一的，用人单位不得依据本法第二十六条、第二十七条的规定解除劳动合同：

（一）患职业病或者因工负伤并被确认丧失或者部分丧失劳动能力的；

（二）患病或者负伤，在规定的医疗期内的；

（三）女职工在孕期、产期、哺乳期内的；

（四）法律、行政法规规定的其他情形。

第三十条　用人单位解除劳动合同，工会认为不适当的，有权提出意见。如果用人单位违反法律、法规或者劳动合同，工会有权要求重新处理；劳动者申请仲裁或者提起诉讼的，工会应当依法给予支持和帮助。

第三十一条　劳动者解除劳动合同，应当提前三十日以书面形式通知用人单位。

第三十二条　有下列情形之一的，劳动者可以随时通知用人单位解除劳动合同：

（一）在试用期内的；

（二）用人单位以暴力、威胁或者非法限制人身自由的手段强迫劳动的；

（三）用人单位未按照劳动合同约定支付劳动报酬或者提供劳动条件的。

第三十三条　企业职工一方与企业可以就劳动报酬、工作时间、休息休假、劳动安全卫生、保险福利等事项，签订集体合同。集体合同草案应当提交职工代表大会或者全体职工讨论通过。

集体合同由工会代表职工与企业签订；没有建立工会的企业，由职工推举的代表与企业签订。

第三十四条　集体合同签订后应当报送劳动行政部门；劳动行政部门自收到集体合同文本之日起十五日内未提出异议的，集体合同即行生效。

第三十五条　依法签订的集体合同对企业和企业全体职工具有约束力。职工个人与企业订立的劳动合同中劳动条件和劳动报酬等标准不得低于集体合同的规定。

第四章　工作时间和休息休假

第三十六条　国家实行劳动者每日工作时间不超过八小时、平均每周工作时间不超过四十四小时的工时制度。

第三十七条　对实行计件工作的劳动者，用人单位应当根据本法第三十六条规定的工时制度合理确定其劳动定额和计件报酬标准。

第三十八条　用人单位应当保证劳动者每周至少休息一日。

第三十九条　企业因生产特点不能实行本法第三十六条、第三十八条规定的，经劳动行政部门批准，可以实行其他工作和休息办法。

第四十条　用人单位在下列节日期间应当依法安排劳动者休假：

（一）元旦；

（二）春节；

（三）国际劳动节；

（四）国庆节；

（五）法律、法规规定的其他休假节日。

第四十一条　用人单位由于生产经营需要，经与工会和劳动者协商后可以延长工作时间，一般每日不得超过一小时；因特殊原因需要延长工作时间的，在保障劳动者身体健康的条件下延长工作时间每日不得超过三小时，但是每月不得超过三十六小时。

第四十二条　有下列情形之一的，延长工作时间不受本法第四十一条的限制：

（一）发生自然灾害、事故或者因其他原因，威胁劳动者生命健康和财产安全，需要紧急处理的；

（二）生产设备、交通运输线路、公共设施发生故障，影响生产和公众利益，必须及时抢修的；

（三）法律、行政法规规定的其他情形。

第四十三条　用人单位不得违反本法规定延长劳动者的工作时间。

第四十四条　有下列情形之一的，用人单位应当按照下列标准支付高于劳动者正常工作时间工资的工资报酬：

（一）安排劳动者延长工作时间的，支付不低于工资的百分之一百五十的工资报酬；

（二）休息日安排劳动者工作又不能安排补休的，支付不低于工资的百分之二百的工资报酬；

（三）法定休假日安排劳动者工作的，支付不低于工资的百分之三百的工资报酬。

第四十五条　国家实行带薪年休假制度。

劳动者连续工作一年以上的，享受带薪年休假。具体办法由国务院规定。

第五章　工　资

第四十六条　工资分配应当遵循按劳分配原则，实行同工同酬。

工资水平在经济发展的基础上逐步提高。国家对工资总量实行宏观调控。

第四十七条　用人单位根据本单位的生产经营特点和经济效益，依法自主确定本单位的工资分配方式和工资水平。

第四十八条　国家实行最低工资保障制度。最低工资的具体标准由省、自治区、直辖市人民政府规定，报国务院备案。

用人单位支付劳动者的工资不得低于当地最低工资标准。

第四十九条　确定和调整最低工资标准应当综合参考下列因素：

(一)劳动者本人及平均赡养人口的最低生活费用；

(二)社会平均工资水平；

（三）劳动生产率；

（四）就业状况；

（五）地区之间经济发展水平的差异。

第五十条　工资应当以货币形式按月支付给劳动者本人。不得克扣或者无故拖欠劳动者的工资。

第五十一条　劳动者在法定休假日和婚丧假期间以及依法参加社会活动期间，用人单位应当依法支付工资。

第六章　劳动安全卫生

第五十二条　用人单位必须建立、健全劳动安全卫生制度，严格执行国家劳动安全卫生规程和标准，对劳动者进行劳动安全卫生教育，防止劳动过程中的事故，减少职业危害。

第五十三条　劳动安全卫生设施必须符合国家规定的标准。

新建、改建、扩建工程的劳动安全卫生设施必须与主体工程同时设计、同时施工、同时投入生产和使用。

第五十四条　用人单位必须为劳动者提供符合国家规定的劳动安全卫生条件和必要的劳动防护用品，对从事有职业危害作业的劳动者应当定期进行健康检查。

第五十五条　从事特种作业的劳动者必须经过专门培训并取得特种作业资格。

第五十六条　劳动者在劳动过程中必须严格遵守安全操作规程。

劳动者对用人单位管理人员违章指挥、强令冒险作业，有权拒绝执行；对危害生命安全和身体健康的行为，有权提出批评、检举和控告。

第五十七条　国家建立伤亡事故和职业病统计报告和处理制度。县级以上各级人民政府劳动行政部门、有关部门和用人单位应当依法对劳动者在劳动过程中发生的伤亡事故和劳动者的职业病状况，进行统计、报告和处理。

第七章　女职工和未成年工特殊保护

第五十八条　国家对女职工和未成年工实行特殊劳动保护。

未成年工是指年满十六周岁未满十八周岁的劳动者。

第五十九条　禁止安排女职工从事矿山井下、国家规定的第四级体力劳动强度的劳动和其他禁忌从事的劳动。

第六十条　不得安排女职工在经期从事高处、低温、冷水作业和国家规定的第三级体力劳动强度的劳动。

第六十一条　不得安排女职工在怀孕期间从事国家规定的第三级体力劳动强度的劳动和孕期禁忌从事的劳动。对怀孕七个月以上的女职工，不得安排其延长工作时间和夜班劳动。

第六十二条　女职工生育享受不少于九十天的产假。

第六十三条　不得安排女职工在哺乳未满一周岁的婴儿期间从事国家规定的第三级体力劳动强度的劳动和哺乳期禁忌从事的其他劳动，不得安排其延长工作时间和夜班劳动。

第六十四条　不得安排未成年工从事矿山井下、有毒有害、国家规定的第四级体力劳动强度的劳动和其他禁忌从事的劳动。

第六十五条　用人单位应当对未成年工定期进行健康检查。

第八章　职业培训

第六十六条　国家通过各种途径，采取各种措施，发展职业培训事业，开发劳动者的职业技能，提高劳动者素质，增强劳动者的就业能力和工作能力。

第六十七条　各级人民政府应当把发展职业培训纳入社会经济发展的规划，鼓励和支持有条件的企业、事业组织、社会团体和个人进行各种形式的职业培训。

第六十八条　用人单位应当建立职业培训制度，按照国家规定提取和使用职业培训经费，根据本单位实际，有计划地对劳动者进行职业培训。

从事技术工种的劳动者，上岗前必须经过培训。

第六十九条　国家确定职业分类，对规定的职业制定职业技能标准，实行职业资格证书制度，由经过政府批准的考核鉴定机构负责对劳动者实施职业技能考核鉴定。

第九章　社会保险和福利

第七十条　国家发展社会保险事业，建立社会保险制度，设立社会保险基金，使劳动者在年老、患病、工伤、失业、生育等情况下获得帮助和补偿。

第七十一条　社会保险水平应当与社会经济发展水平和社会承受能力相适应。

第七十二条　社会保险基金按照保险类型确定资金来源，逐步实行社会统筹。用人单位和劳动者必须依法参加社会保险，缴纳社会保险费。

第七十三条　劳动者在下列情形下，依法享受社会保险待遇：

（一）退休；

（二）患病、负伤；

（三）因工伤残或者患职业病；

（四）失业；

（五）生育。

劳动者死亡后，其遗属依法享受遗属津贴。

劳动者享受社会保险待遇的条件和标准由法律、法规规定。

劳动者享受的社会保险金必须按时足额支付。

第七十四条　社会保险基金经办机构依照法律规定收支、管理和运营社会保险基金，并负有使社会保险基金保值增值的责任。

社会保险基金监督机构依照法律规定，对社会保险基金的收支、管理和运营实施监督。

社会保险基金经办机构和社会保险基金监督机构的设立和职能由法律规定。

任何组织和个人不得挪用社会保险基金。

第七十五条　国家鼓励用人单位根据本单位实际情况为劳动者建立补充保险。

国家提倡劳动者个人进行储蓄性保险。

第七十六条　国家发展社会福利事业，兴建公共福利设施，为劳动者休息、休养和疗养提供条件。

用人单位应当创造条件，改善集体福利，提高劳动者的福利待遇。

第十章　劳动争议

第七十七条　用人单位与劳动者发生劳动争议，当事人可以依法申请调解、仲裁、提起诉讼，也可以协商解决。

调解原则适用于仲裁和诉讼程序。

第七十八条　解决劳动争议，应当根据合法、公正、及时处理的原则，依法维护劳动争议当事人的合法权益。

第七十九条　劳动争议发生后，当事人可以向本单位劳动争议调解委员会申请调解；调解不成，当事人一方要求仲裁的，可以向劳动争议仲裁委员会申请仲裁。当事人一方也可以直接向劳动争议仲裁委员会申请仲裁。对仲裁裁决不服的，可以向人民法院提起诉讼。

第八十条　在用人单位内，可以设立劳动争议调解委员会。劳动争议调解委员会由职工代表、用人单位代表和工会代表组成。劳动争议调解委员会主任由工会代表担任。

劳动争议经调解达成协议的，当事人应当履行。

第八十一条　劳动争议仲裁委员会由劳动行政部门代表、同级工会代表、用人单位方面的代表组成。劳动争议仲裁委员会主任由劳动行政部门代表担任。

第八十二条　提出仲裁要求的一方应当自劳动争议发生之日起六十日内向劳动争议仲裁委员会提出书面申请。仲裁裁决一般应在收到仲裁申请的六十日内作出。对仲裁裁决无异议的，当事人必须履行。

第八十三条　劳动争议当事人对仲裁裁决不服的，可以自收到仲裁裁决书之日起十五日内向人民法院提起诉讼。一方当事人在法定期限内不起诉又不履行仲裁裁决的，另一方当事人可以申请人民法院强制执行。

第八十四条　因签订集体合同发生争议，当事人协商解决不成的，当地人民政府劳动行政部门可以组织有关各方协调处理。

因履行集体合同发生争议，当事人协商解决不成的，可以向劳动争议仲裁委员会申请仲裁；对仲裁裁决不服的，可以自收到仲裁裁决书之日起十五日内向人民法院提起诉讼。

第十一章　监督检查

第八十五条　县级以上各级人民政府劳动行政部门依法对用人单位遵守劳动法律、法规的情况进行监督检查，对违反劳动法律、法规的行为有权制止，并责令改正。

第八十六条　县级以上各级人民政府劳动行政部门监督检查人员执行公务，有权进入用人单位了解执行劳动法律、法规的情况，查阅必要的资料，并对劳动场所进行检查。

县级以上各级人民政府劳动行政部门监督检查人员执行公务，必须出示证件，秉公执法并遵守有关规定。

第八十七条　县级以上各级人民政府有关部门在各自职责范围内，对用人单位遵守劳动法律、法规的情况进行监督。

第八十八条　各级工会依法维护劳动者的合法权益，对用人单位遵守劳动法律、法规的情况进行监督。

任何组织和个人对于违反劳动法律、法规的行为有权检举和控告。

第十二章　法律责任

第八十九条　用人单位制定的劳动规章制度违反法律、法规规定的，由劳动行政部门给予警告，责令改正；对劳动者造成损害的，应当承担赔偿责任。

第九十条　用人单位违反本法规定，延长劳动者工作时间的，由劳动行政部门给予警告，责令改正，并可以处以罚款。

第九十一条　用人单位有下列侵害劳动者合法权益情形之一的，由劳动行政部门责令支付劳动者的工资报酬、经济补偿，并可以责令支付赔偿金：

（一）克扣或者无故拖欠劳动者工资的；

（二）拒不支付劳动者延长工作时间工资报酬的；

（三）低于当地最低工资标准支付劳动者工资的；

（四）解除劳动合同后，未依照本法规定给予劳动者经济补偿的。

第九十二条　用人单位的劳动安全设施和劳动卫生条件不符合国家规定或者未向劳动者提供必要的劳动防护用品和劳动保护设施的，由劳动行政部门或者有关部门责令改正，可以处以罚款；情节严重的，提请县级以上人民政府决定责令停产整顿；对事故隐患不采取措施，致使发生重大事故，造成劳动者生命和财产损失的，对责任人员依照刑法有关规定追究刑事责任。

第九十三条　用人单位强令劳动者违章冒险作业，发生重大伤亡事故，造成严重后果的，对责任人员依法追究刑事责任。

第九十四条　用人单位非法招用未满十六周岁的未成年人的，由劳动行政部门责令改正，处以罚款；情节严重的，由工商行政管理部门吊销营业执照。

第九十五条　用人单位违反本法对女职工和未成年工的保护规定，侵害其合法权益的，由劳动行政部门责令改正，处以罚款；对女职工或者未成年工造成损害的，应当承担赔偿责任。

第九十六条　用人单位有下列行为之一，由公安机关对责任人员处以十五日以下拘留、罚款或者警告；构成犯罪的，对责任人员依法追究刑事责任：

（一）以暴力、威胁或者非法限制人身自由的手段强迫劳动的；

（二）侮辱、体罚、殴打、非法搜查和拘禁劳动者的。

第九十七条　由于用人单位的原因订立的无效合同，对劳动者造成损害的，应当承担赔偿责任。

第九十八条　用人单位违反本法规定的条件解除劳动合同或者故意拖延不订立劳动合同的，由劳动行政部门责令改正；对劳动者造成损害的，应当承担赔偿责任。

第九十九条　用人单位招用尚未解除劳动合同的劳动者，对原用人单位造成经济损失的，该用人单位应当依法承担连带赔偿责任。

第一百条　用人单位无故不缴纳社会保险费的，由劳动行政部门责令其限期缴纳，逾期不缴的，可以加收滞纳金。

第一百零一条　用人单位无理阻挠劳动行政部门、有关部门及其工作人员行使监督检查权，打击报复举报人员的，由劳动行政部门或者有关部门处以罚款；构成犯罪的，对责任人员依法追究刑事责任。

第一百零二条　劳动者违反本法规定的条件解除劳动合同或者违反劳动合同中约定的保密事项，对用人单位造成经济损失的，应当依法承担赔偿责任。

第一百零三条　劳动行政部门或者有关部门的工作人员滥用职权、玩忽职守、徇私舞弊，构成犯罪的，依法追究刑事责任；不构成犯罪的，给予行政处分。

第一百零四条　国家工作人员和社会保险基金经办机构的工作人员挪用社会保险基金，构成犯罪的，依法追究刑事责任。

第一百零五条　违反本法规定侵害劳动者合法权益，其他法律、法规已规定处罚的，依照该法律、行政法规的规定处罚。

第十三章　附 则

第一百零六条　省、自治区、直辖市人民政府根据本法和本地区的实际情况，规定劳动合同制度的实施步骤，报国务院备案。

第一百零七条　本法自 1995 年 1 月 1 日起施行。

参考文献

1. 李顺发 . 职业指导 [M]. 标本教材，2004.
2. 吕懋国 . 现代厨房管理 [M]. 长春：东北师范大学出版社，2008.
3. 李玉华 . 20 世纪素质教育读本 [M]. 郑州：河南医科大学出版社，2000.
4. 潘宝明 . 厨房管理 [M]. 北京：中国旅游出版社，2005.
5. 茅建民 . 烹饪职业素养与职业指导 [M]. 北京：科学出版社，2012.
6. 人力资源和社会保障部教材办公室组织编写 . 德育第一册 [M]. 北京：中国劳动保障出版社，2010.
7. 人力资源和社会保障部教材办公室组织编写 . 中国高技能人才楷模事迹读本 [M]. 北京：中国劳动保障出版社，2010.